JN066263

東京大学工学教程

原子力工学
原子炉物理学 I

東京大学工学教程編纂委員会 編　　古田一雄 著

Nuclear Reactor
Physics I

SCHOOL OF ENGINEERING
THE UNIVERSITY OF TOKYO

丸善出版

東京大学工学教程

編纂にあたって

　東京大学工学部，および東京大学大学院工学系研究科において教育する工学は
いかにあるべきか．1886 年に開学した本学工学部・工学系研究科が 125 年を経て，
改めて自問し自答すべき問いである．西洋文明の導入に端を発し，諸外国の先端
技術追奪の一世紀を経て，世界の工学研究教育機関の頂点の一つに立った今，伝
統を踏まえて，あらためて確固たる基礎を築くことこそ，創造を支える教育の使
命であろう．国内のみならず世界から集う最優秀な学生に対して教授すべき工学，
すなわち，学生が本学で学ぶべき工学を開示することは，本学工学部・工学系研
究科の責務であるとともに，社会と時代の要請でもある．追奪から頂点への歴史
的な転機を迎え，本学工学部・工学系研究科が執る教育を聖域として閉ざすこと
なく，工学の知の殿堂として世界に問う教程がこの「東京大学工学教程」である．
したがって照準は本学工学部・工学系研究科の学生に定めている．本工学教程は，
本学の学生が学ぶべき知を示すとともに，本学の教員が学生に教授すべき知を示
す教程である．

2012 年 2 月

2010–2011 年度
東京大学工学部長　大学院工学系研究科長　北　森　武　彦

東京大学工学教程

刊 行 の 趣 旨

　現代の工学は，基礎基盤工学の学問領域と，特定のシステムや対象を取り扱う総合工学という学問領域から構成される．学際領域や複合領域は，学問の領域が伝統的な一つの基礎基盤ディシプリンに収まらずに複数の学問領域が融合したり，複合してできる新たな学問領域であり，一度確立した学際領域や複合領域は自立して総合工学として発展していく場合もある．さらに，学際化や複合化はいまや基礎基盤工学の中でも先端研究においてますます進んでいる．

　このような状況は，工学におけるさまざまな課題も生み出している．総合工学における研究対象は次第に大きくなり，経済，医学や社会とも連携して巨大複雑系社会システムまで発展し，その結果，内包する学問領域が大きくなり研究分野として自己完結する傾向から，基礎基盤工学との連携が疎かになる傾向がある．基礎基盤工学においては，限られた時間の中で，伝統的なディシプリンに立脚した確固たる工学教育と，急速に学際化と複合化を続ける先端工学研究をいかにしてつないでいくかという課題は，世界のトップ工学校に共通した教育課題といえる．また，研究最前線における現代的な研究方法論を学ばせる教育も，確固とした工学知の前提がなければ成立しない．工学の高等教育における二面性ともいえ，いずれを欠いても工学の高等教育は成立しない．

　一方，大学の国際化は当たり前のように進んでいる．東京大学においても工学の分野では大学院学生の四分の一は留学生であり，今後は学部学生の留学生比率もますます高まるであろうし，若年層人口が減少する中，わが国が確保すべき高度科学技術人材を海外に求めることもいよいよ本格化するであろう．工学の教育現場における国際化が急速に進むことは明らかである．そのような中，本学が教授すべき工学知を確固たる教程として示すことは国内に限らず，広く世界にも向けられるべきである．2020 年までに本学における工学の大学院教育の 7 割，学部教育の 3 割ないし 5 割を英語化する教育計画はその具体策の一つであり，工学の

教育研究における国際標準語としての英語による出版はきわめて重要である.

　現代の工学を取り巻く状況を踏まえ,東京大学工学部・工学系研究科は,工学の基礎基盤を整え,科学技術先進国のトップの工学部・工学系研究科として学生が学び,かつ教員が教授するための指標を確固たるものとすることを目的として,時代に左右されない工学基礎知識を体系的に本工学教程としてとりまとめた.本工学教程は,東京大学工学部・工学系研究科のディシプリンの提示と教授指針の明示化であり,基礎(2年生後半から3年生を対象),専門基礎(4年生から大学院修士課程を対象),専門(大学院修士課程を対象)から構成される.したがって,工学教程は,博士課程教育の基盤形成に必要な工学知の徹底教育の指針でもある.工学教程の効用として次のことを期待している.

- 工学教程の全巻構成を示すことによって,各自の分野で身につけておくべき学問が何であり,次にどのような内容を学ぶことになるのか,基礎科目と自身の分野との間で学んでおくべき内容は何かなど,学ぶべき全体像を見通せるようになる.
- 東京大学工学部・工学系研究科のスタンダードとして何を教えるか,学生は何を知っておくべきかを示し,教育の根幹を作り上げる.
- 専門が進んでいくと改めて,新しい基礎科目の勉強が必要になることがある.そのときに立ち戻ることができる教科書になる.
- 基礎科目においても,工学部的な視点による解説を盛り込むことにより,常に工学への展開を意識した基礎科目の学習が可能となる.

　　　　　　　　東京大学工学教程編纂委員会　　委員長　大久保　達　也
　　　　　　　　　　　　　　　　　　　　　　　幹　事　吉　村　　忍

原子力工学

刊行にあたって

　原子力工学関連の工学教程は全 10 巻からなり，その相互関連は次ページの図に示すとおりである．この図における「基礎」，「専門基礎」，「専門」の分類は，原子力工学に近い分野を専攻する学生を対象とした目安であり，矢印は各巻の相互関係および学習の順序のガイドラインを示している．すべての工学の基礎である数学・物理学・化学・生物学や，特に関連性の深い工学分野との関係も示している．原子力工学以外の工学諸分野を専攻する学生は，そのガイドラインに従って，適宜選択し，学習を進めて欲しい．

　原子力は，幅広い分野の人材が活躍する総合工学である．また，原子核エネルギーの解放である原子力発電や核融合に加え，核壊変や加速器から生み出される放射線は工業，医療，生命分野などへ応用が広がっている．福島第一原子力発電所事故の教訓を生かし，確固たる学術的基盤に立脚しながら，異なる分野の人材がお互いの分野を理解しながら連携するマネジメントが重要である．さまざまな分野から構成されてはいるが，相互の密接な関連と全体像を俯瞰し，さらに学際的な課題解決に必要な領域に発展していることを意識しながら，工学諸分野を専攻する多くの学生に原子力工学を学ぶ機会をもって欲しい．

＊　　　＊　　　＊

　原子炉物理学は，核分裂連鎖反応を発電用エネルギー源や中性子源として利用する原子炉の振る舞いや，そこで起こる現象の制御を取り扱う理論体系である．原子核工学 I，II の内容を理解した上で，原子炉を設計したり解析したりするために不可欠な基盤である．この『原子炉物理学 I』では，その中でも特に基礎となる，中性子の拡散と減速，原子炉の解析，反応度の変化と制御，短期的な原子炉の動特性を述べる．原子力工学の専門家が修得しなければならない分野であるにとどまらず，たとえば，中性子の空間分布やエネルギー分布，原子炉の制御や動特性に関する議論は，それ自体が物理理論として美しい．工学に携わるすべての学生にとって，有用で楽しめる内容となっている．

東京大学工学教程編纂委員会

原子力工学編集委員会

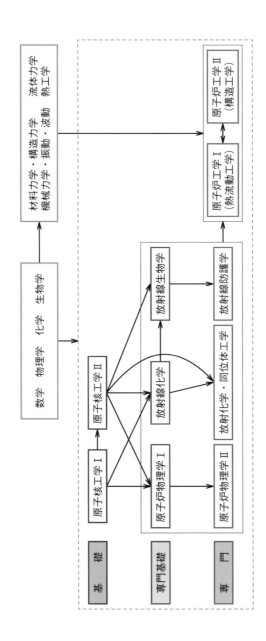

工学教程（原子力工学分野）の相互関連図

目　　次

は　じ　め　に

　エンリコ・フェルミが1942年に史上初めて核分裂連鎖反応による臨界に成功して以来，半世紀以上の年月が経過した．この間，原子炉は発電用のエネルギー源として，アイソトープ生産用あるいは学術研究用の中性子源として実用化された．また，原子力実用化とほぼ並行して進んだデジタル・コンピュータと数値解析技術の急速な進歩のおかげで，原子炉の挙動解析にも数値解析が多用されるようになった．しかしながら，フェルミの時代に確立された諸理論は依然として有効であり，現在活用されている洗練されたコンピュータ・シミュレーションの基礎となっているのもこれら諸理論である．

　こうした原子炉物理に関しては，これまでにも数々の名著とよばれる教科書が刊行されてきたが，残念ながら既刊の教科書は入手困難になっているものが多い．また基本は変わらずとはいえ，年齢理論など現在ではもはや時代遅れとなってしまった内容を含んでいる書籍もある．そこでこれらの事情を勘案し，工学教程の原子力工学分野に不可欠な1冊としてあらためてまとめたのが本書である．

　現在，原子炉解析の実務はもっぱらコンピュータ・シミュレーションによって行われているが，シミュレーション結果を検証したり，原子炉で起こる現象を定性的・直感的に理解したりすることは，原子力工学の専門家に求められる重要な能力である．そのためには，解析コードの使い方に精通しているだけでなく，本書が扱う原子炉物理の基本的理解が不可欠である．

　本書は7章で構成される．1章は中性子反応に関わる基本概念と中性子の媒質中での移動を記述した中性子拡散について，2章では中性子の運動エネルギーの変化に関する減速過程について述べる．3章は原子炉の仕組みと原理を概説したのち，一群拡散理論に基づく原子炉解析を，4章は多群拡散理論による原子炉解析を扱う．5章は構成媒質が非均質な原子炉の解析を取り上げる．6章では臨界からのずれを表す反応度の変化と制御に関する事項を扱う．最後に，7章では短期的な原子炉の動特性を議論する．

　なお，本書では最も基礎的な中性子拡散理論に内容を絞り，より厳密な中性子輸送理論については触れていない．また，本書は原子核工学Iを学習していることを前提としている．

1 中性子の拡散

核分裂を起こすような核種を含まず，核分裂による中性子生成がないような物質でできた体系を**非増倍体系**とよぶ．ただし，一定の強度で中性子を発生する中性子源を含む可能性はあるものとする．本章では，そのような非増倍体系の定常状態における中性子の挙動を解析するための理論を扱う．

1.1 種々の概念の導入

1.1.1 中性子断面積

図 1.1 に示すように，単一の速さで単一の方向にそろった中性子ビームが薄い板状の標的に垂直に入射し，標的中の原子核と核反応を起こすと仮定する．ビームに垂直な単位面積あたり毎秒通過する中性子数で中性子ビームの強度 I $(\mathrm{cm}^{-2} \cdot \mathrm{s}^{-1})$ を表すとすると，標的の単位面積あたりの**中性子反応率** R $(\mathrm{cm}^{-2} \cdot \mathrm{s}^{-1})$ は，ビーム強度 I，標的の厚さ t (cm)，標的の原子数密度 N (cm^{-3}) に比例する．

$$R = \sigma N t I \tag{1.1}$$

この比例定数 σ は中性子と原子核との反応の起こりやすさを表し，**ミクロ断面積**とよぶ．ミクロ断面積は面積の次元をもつが，cm^2 では単位として大きすぎる

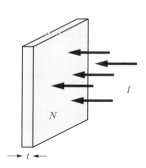

図 **1.1** 薄い板状の標的に入射する中性子ビーム

ので，通常は $1\,\mathrm{b} = 10^{-24}\,\mathrm{cm}^2$ で定義される単位バーン (barn) を用いる．断面積は中性子反応の種類ごとに定義することができる．すべての種類の中性子反応に対する断面積を全断面積 σ_t とよぶ．同様に，散乱断面積 σ_s，吸収断面積 σ_a，捕獲断面積 σ_c，核分裂断面積 σ_f である．

ミクロ断面積は標的原子核 1 個あたりの中性子反応の起こりやすさを表すが，特定物質の単位体積あたりの中性子反応の起こりやすさは，次の**マクロ断面積**によって表される．

$$\Sigma = N\sigma \tag{1.2}$$

マクロ断面積の単位は cm^{-1} であり，ミクロ断面積と同様に反応の種類ごとに定義できる．材料が複数の元素でできている場合のマクロ断面積は，各元素のミクロ断面積を原子数密度で重み付けして合計することによって求められる．

$$\Sigma = N_1\sigma_1 + N_2\sigma_2 + \cdots\cdots + N_n\sigma_n \tag{1.3}$$

次に，厚い標的の場合を考える．標的の表面から内部に x だけ入った位置から，$x + dx$ だけ入った位置までのビームの減衰は，厚さ dx の薄い層の中で反応してビームから取り除かれる中性子数に対応する．

$$I(x) - I(x + dx) = -dI = \Sigma I dx$$

以上より，内部に x だけ入った位置でのビーム強度は以下のようになる．

$$\frac{dI}{dx} = -\Sigma I \tag{1.4}$$

$$I(x) = I_0 e^{-\Sigma x} \tag{1.5}$$

ここで，I_0 は標的表面におけるビーム強度である．

$e^{-\Sigma x}$ はビーム中の中性子が反応せずに深さ x まで到達する確率に相当する．そこで，中性子が反応せずに到達する深さの平均値を求めると，

$$\lambda = \frac{\int_0^\infty x e^{-\Sigma x} dx}{\int_0^\infty e^{-\Sigma x} dx} = \frac{1}{\Sigma} \tag{1.6}$$

となる．λ は中性子が反応せずに移動する距離の平均を表し，**平均自由行程**とよばれる．

1.1.2 中 性 子 束

媒質中を運動する中性子の速さ v (cm·s^{-1}) は単一であると仮定する．図 1.1 のように運動方向もそろった中性子ビームの場合，中性子の密度を n (cm^{-3}) とすると，ビームに垂直な単位面積あたり毎秒通過する中性子数 (ビーム強度) は nv である．このビームにさらされる標的のマクロ断面積を Σ とすると，標的中での単位体積あたりの中性子反応率 R (cm^{-3}·s^{-1}) は以下のようになる．

$$R = \Sigma n v \tag{1.7}$$

次に，さまざまな方向から飛んでくる m 本の中性子ビームにさらされる小さな標的を考える (図 1.2)．各中性子ビームの中性子の密度を n_i とすると，標的中で起こる中性子反応の反応率は各中性子ビームによる反応の寄与の合計となる．

$$R = \Sigma(n_1 + n_2 + \cdots + n_m)v \tag{1.8}$$

上式の括弧の中は，標的が置かれた場所における全中性子の密度 n に等しい．

$$n = n_1 + n_2 + \cdots + n_m \tag{1.9}$$

そこで，**中性子束** ϕ を次のように定義する．

$$\phi = nv \tag{1.10}$$

反応率はマクロ断面積と中性子束から次のように求められる．

$$R = \Sigma \phi \tag{1.11}$$

原子炉の中では中性子の運動方向は一様ではなく，中性子がさまざまな方向に飛び交っているが，そのような場合にも中性子束は式 (1.10) によって定義され，

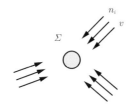

図 1.2 さまざまな方向から飛んでくる中性子ビーム

反応率は式 (1.11) で求められる．中性子束は媒質中のある点において，運動方向に関係なく中性子がどれだけ激しく飛び交っているかを示すスカラー量で，単位は $\mathrm{cm}^{-2} \cdot \mathrm{s}^{-1}$ である．

原子炉の中では中性子の運動方向ばかりでなく，速さも一様ではない．そこで，さらに中性子の運動エネルギー E (eV) を独立変数に選び，エネルギー依存の中性子束を定義する．中性子のエネルギー依存の密度分布関数を $n(E)$，速さを $v(E)$ とすると，エネルギー依存の中性子束が以下の式で定義される．

$$\phi(E) = n(E)v(E) \tag{1.12}$$

$n(E)dE$ はエネルギー E の近傍 dE にある中性子密度を表す．エネルギー依存の中性子束のことを中性子の**エネルギースペクトル**とよぶ．また，エネルギー依存の中性子束を全エネルギー範囲で積分したものを全中性子束とよぶ．

$$\phi = \int_0^\infty n(E)v(E)dE \tag{1.13}$$

同様に，上式の積分を特定のエネルギー範囲に限定した中性子束も定義できる．

1.2 連 続 の 式

しばらくの間，中性子は単一のエネルギーをもつ (単色) と仮定する．直交座標系を考えて，媒質中の点 (x, y, z) にある体積要素 $dxdydz$ における中性子の収支を考える (図 1.3)．

媒質中を移動する中性子の x 軸方向の正味の流れを J_x とすると，x 軸に垂直な左右の境界面を横切ってこの体積要素から漏洩する中性子数は以下のようになる．

$$[x \text{ 軸方向の漏洩}] = \{J_x(x + dx, y, z, t) - J_x(x, y, z, t)\}dydz$$

同様に，y 軸，z 軸方向の漏洩が以下のようになる．

$$[y \text{ 軸方向の漏洩}] = \{J_y(x, y + dy, z, t) - J_y(x, y, z, t)\}dxdz$$

$$[z \text{ 軸方向の漏洩}] = \{J_z(x, y, z + dz, t) - J_z(x, y, z, t)\}dxdy$$

この体積要素の全境界面を横切って漏洩する中性子数はこれらの合計である．また，媒質のマクロ吸収断面積を Σ_a，中性子源から毎秒発生する中性子の密度 (中

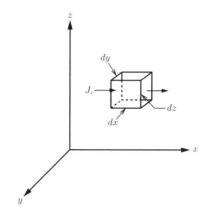

図 **1.3**　媒質中の体積要素における中性子収支

性子源強度) を $S\ (\mathrm{cm^{-3}\cdot s^{-1}})$ とすると，この体積要素中で中性子吸収によって消滅する中性子数，中性子源から発生する中性子数は以下のようになる．

$$[消滅] = \Sigma_{\mathrm{a}}\phi dxdydz$$

$$[発生] = Sdxdydz$$

以上より，中性子密度を n としてこの体積要素における中性子の全収支は，

$$\frac{\partial n}{\partial t}dxdydz = [発生] - [消滅] - [漏洩]$$

である．両辺を $dxdydz$ で割り，極限をとることにより次の**連続の式**が得られる．

$$\frac{\partial n}{\partial t} = S - \Sigma_{\mathrm{a}}\phi - \left(\frac{\partial J_x}{\partial x} + \frac{\partial J_y}{\partial y} + \frac{\partial J_z}{\partial z}\right) \tag{1.14}$$

J_x，J_y，J_z を 3 成分とするベクトルで**中性子流ベクトル J** を定義すると，式 (1.14) はベクトル記法を用いて以下のように表される．

$$\frac{\partial n}{\partial t} = S - \Sigma_{\mathrm{a}}\phi - \mathrm{div}\mathbf{J} \tag{1.15}$$

これが座標系によらない一般的な連続の式である．

1.3　Fick の 法 則

　式 (1.15) に現れる中性子流ベクトルを正確に求めるためには，方向依存の中性子束を扱える中性子輸送理論が必要である．しかし，ある条件のもとではそのような厳密な取扱いは必要なく，中性子束の方向依存性を無視してよい．その条件は以下のとおりである．

(i)　媒質は均質で十分に大きく，境界の影響が無視できる．
(ii)　中性子源も中性子吸収体もなく，定常状態である．
(iii) 散乱は実験室系で等方である．

この場合，次の **Fick** (フィック) の**法則**が成立する．

$$\mathbf{J} = -D\,\mathrm{grad}\,\phi \tag{1.16}$$

　比例係数 D は**拡散係数**とよばれる物性定数で，輸送理論から以下の式で求められる．

$$D = \frac{\lambda_{\mathrm{tr}}}{3} = \frac{1}{3\Sigma_{\mathrm{tr}}} = \frac{1}{3(\Sigma_{\mathrm{t}} - \bar{\mu}\Sigma_{\mathrm{s}})} \tag{1.17}$$

λ_{tr}, Σ_{tr}, Σ_{t}, Σ_{s} はそれぞれ媒質の**輸送平均自由行程**, **輸送断面積**, 全断面積, 散乱断面積, $\bar{\mu}$ は媒質との中性子散乱における散乱角余弦の平均である．なお, 散乱角余弦とは 2 章図 2.1 の実験室系における中性子散乱角 θ の余弦である．

　Fick の法則により中性子流ベクトルを式 (1.16) で近似することを拡散近似ともよび，拡散近似を用いた中性子挙動のモデルが**拡散理論**である．Fick の法則は中性子束の勾配に比例した中性子流が生じることを意味しており，マイナス符号は中性子束が高い領域から低い領域に向かって流れることを意味している．

　図 1.4 に示すような中性子束勾配をもつ 1 次元の問題において，$x=0$ 面における正味の中性子流を考えると Fick の法則を定性的に説明できる．この場合，$0 < x$ の右側領域では $x < 0$ の左側領域よりも中性子束が大きいので，それに比例して散乱反応率も高い．したがって，右側領域で散乱して $x=0$ 面を右から左に通過する中性子流 J_- は，左側領域で散乱して左から右に通過する中性子流 J_+ よりも大きい．中性子束の方向依存性に偏りがなく，さらに散乱が実験室系で等方ならば，右側領域で散乱した中性子が $x=0$ 面に向かう確率と，逆に左側領域で散乱した中性子が $x=0$ 面に向かう確率は等しいはずである．したがって，J_- と

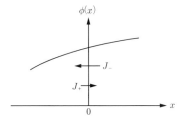

図 **1.4**　　Fick の法則

J_+ の差である正味の中性子流は反応率の差のみに起因することになり，結局は中性子束の勾配に比例することになる．

　実際の原子炉の炉心では Fick の法則の適用条件は厳密に成立しないが，一般的な炉心解析において拡散理論は十分な精度の近似であり多用されている．

1.4　拡 散 方 程 式

　連続の式 (1.15) と Fick の法則 (1.16) から，次の式が導かれる．

$$\frac{\partial n}{\partial t} = S - \Sigma_{\mathrm{a}}\phi + \mathrm{div}\, D\, \mathrm{grad}\, \phi \tag{1.18}$$

定常状態を考え，さらに媒質が均質で拡散係数が一定であると仮定すると，次の**中性子拡散方程式**が得られる．

$$D\nabla^2 \phi - \Sigma_{\mathrm{a}}\phi + S = 0 \tag{1.19}$$

　拡散方程式中の $\nabla^2 \phi$ は，直交座標，極座標，円柱座標の場合にそれぞれ以下のようになる．

$$\nabla^2 \phi = \frac{\partial^2 \phi}{\partial x^2} + \frac{\partial^2 \phi}{\partial y^2} + \frac{\partial^2 \phi}{\partial z^2} \tag{1.20}$$

$$\nabla^2 \phi = \frac{1}{r^2}\frac{\partial}{\partial r}\left(r^2 \frac{\partial \phi}{\partial r}\right) + \frac{1}{r^2 \sin\theta}\frac{\partial}{\partial \theta}\left(\sin\theta \frac{\partial \phi}{\partial \theta}\right) + \frac{1}{r^2}\frac{1}{\sin^2\theta}\frac{\partial^2 \phi}{\partial \psi^2} \tag{1.21}$$

$$\nabla^2 \phi = \frac{1}{r}\frac{\partial}{\partial r}\left(r\frac{\partial \phi}{\partial r}\right) + \frac{1}{r^2}\frac{\partial^2 \phi}{\partial \theta^2} + \frac{\partial^2 \phi}{\partial z^2} \tag{1.22}$$

　この方程式を中性子束 ϕ について境界値問題として解く場合，物理的に意味を成すためには解が以下の条件を満たさなければならない．

(i)　中性子束は実数で非負

(ii)　中性子束は中性子源分布に起因する特異点を除いて有限で連続

異なる媒質の2領域間の境界面においては，中性子束と境界の法線方向の中性子流は連続でなければならない．すなわち，隣接する2領域における中性子束を ϕ_1，ϕ_2，中性子流ベクトルを $\mathbf{J}_1$，$\mathbf{J}_2$ とすると，領域境界における境界条件が以下の式で与えられる．ここで，$\mathbf{n}$ は境界面の外向き法線ベクトルである．

$$\phi_1 = \phi_2 \tag{1.23}$$

$$(\mathbf{J}_1)_\mathbf{n} = (\mathbf{J}_2)_\mathbf{n} \tag{1.24}$$

　媒質の外表面である真空境界の近傍では，中性子の移動方向に偏りがあるために拡散理論では中性子束を正確に求めることができない．しかし，次式のような**真空境界条件**を用いて拡散方程式を解くことにより，媒質内部で十分な精度の解が得られることがわかっている．

$$\frac{d\phi}{d\mathbf{n}} + \frac{\phi}{d} = 0 \tag{1.25}$$

この式の第1項は，境界面の外向き法線方向の中性子束勾配である．この境界条件は，境界面上の中性子束勾配に従って中性子束を直線外挿すると，境界を距離 d だけ拡張した表面上で外挿値がゼロになることを意味している (図 1.5)．しかし，実用上は真空境界を d だけ拡張した表面上で中性子束そのものがゼロになるという境界条件を代わりに用いることが多い．

　真空境界条件のパラメータ d のことを**外挿距離**あるいは**補外距離**とよぶ．拡散理論よりも厳密な輸送理論によって求めた解との比較より，外挿距離は媒質の輸

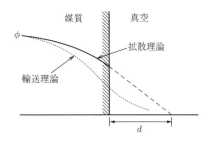

図 **1.5**　真空境界条件

送平均自由行程から，

$$d = 0.7104\lambda_{\text{tr}} \tag{1.26}$$

で与えられる．ほとんどの場合に外挿距離は原子炉の炉心の大きさに比べて十分に小さいので，外挿距離を無視して炉心の外表面上でゼロになるという近似を行うことも多い．

1.5　拡散方程式の解法

1.5.1　無限媒質中の平面状中性子源

無限媒質中に，単位面積あたり毎秒 S 個の中性子を等方に放出する平面状中性子源がある．中性子源を原点としてこれと垂直に x 軸をとると，これは x についての 1 次元中性子拡散問題であり，原点以外の中性子源がない領域では中性子束が次の拡散方程式に従う．

$$D\frac{d^2\phi}{dx^2} - \Sigma_{\text{a}}\phi = 0 \tag{1.27}$$

ここで，次のようにおく．

$$L^2 = \frac{D}{\Sigma_{\text{a}}} \tag{1.28}$$

L は長さの次元をもつ物性定数で，**拡散距離**とよばれる．拡散距離を用いて式 (1.27) は次のように書き換えられる．

$$\frac{d^2\phi}{dx^2} - \frac{\phi}{L^2} = 0 \tag{1.29}$$

この式の一般解は次の式で与えられる．

$$\phi(x) = A_1 e^{-x/L} + A_2 e^{x/L} \tag{1.30}$$

中性子束が $x \to \pm\infty$ で有限でなければならないこと，この問題が原点に対して対称であることから，式 (1.30) は具体的に次の形になることがわかる．

$$\phi(x) = \begin{cases} Ae^{x/L} & (x < 0) \\ Ae^{-x/L} & (x > 0) \end{cases}$$

原点における中性子流は，

$$J_0 = \lim_{x \to 0}\left(-D\frac{d\phi}{dx}\right) = \frac{DA}{L}$$

となるが，これは中性子源から片側に放出される中性子数 $S/2$ に等しい．これより係数 A が，

$$A = \frac{LS}{2D}$$

と求められるので，この問題の解は以下の式となる．

$$\phi(x) = \frac{LS}{2D} e^{-|x|/L} \tag{1.31}$$

1.5.2　無限媒質中の点状中性子源

　無限媒質中に毎秒 S 個の中性子を等方に放出する点状中性子源がある．中性子源を原点とする1次元極座標をとると，原点以外の中性子源がない領域では次の拡散方程式が成り立つ．

$$\frac{1}{r^2} \frac{d}{dr}\left(r^2 \frac{d\phi}{dr}\right) - \frac{\phi}{L^2} = 0 \tag{1.32}$$

$w = r\phi$ とおき，式 (1.32) を変形すると次の方程式が得られる．

$$\frac{d^2 w}{dr^2} - \frac{w}{L^2} = 0$$

これは式 (1.29) と同形であり，w に関する式 (1.30) と同形の一般解が得られる．したがって，ϕ に関する解は，

$$\phi(r) = A_1 \frac{e^{-r/L}}{r} + A_2 \frac{e^{r/L}}{r} \tag{1.33}$$

中性子束が $r \to \infty$ で有限であることから $A_2 = 0$ となり，ϕ は以下のようになる．

$$\phi(r) = A_1 \frac{e^{-r/L}}{r}$$

係数 A_1 は原点を囲む球面から漏洩する中性子の総数をとり，その $r \to 0$ の極限が中性子源強度 S に等しいことから求められる．

$$\lim_{r \to 0}\left(-4\pi r^2 D \frac{d\phi}{dr}\right) = 4\pi D A_1 = S$$

以上より，この問題の解が以下の式で与えられる．

$$\phi(r) = \frac{S}{4\pi D} \frac{e^{-r/L}}{r} \tag{1.34}$$

　ここで，原点から放出された中性子が媒質中のどこで吸収されるかを考える．中性子-吸収の反応率は $\Sigma_a \phi$ なので，これを中性子源強度 S で割った関数 $\Sigma_a \phi / S$ は，原点から放出された 1 個の中性子が媒質中で吸収される事象の確率密度関数である．中性子が吸収される点の原点からの直線距離の 2 乗平均を計算すると，

$$\bar{r}^2 = \frac{\Sigma_a}{S} \int_0^\infty r^2 \phi(r) 4\pi r^2 dr = 6L^2$$

となり，次の関係が求められる．

$$L^2 = \frac{1}{6} \bar{r}^2 \tag{1.35}$$

すなわち，図 1.6 に示すように，中性子が発生した点から吸収された点までに多数の散乱を繰り返しながら媒質中を移動した直線距離に関係する物性定数が拡散距離であることがわかる．

吸収

発生

移動の軌跡

図 **1.6**　拡散距離の物理的意味

1.5.3　無限媒質中の直線状中性子源

　次は無限媒質中に，単位長さあたり毎秒 S 個の中性子を等方に放出する直線状中性子源がある場合を考える．中性子源を原点とする 1 次元円柱座標をとると，原点以外の中性子源がない領域では次の拡散方程式が成り立つ．

$$\frac{1}{r} \frac{d}{dr} \left(r \frac{d\phi}{dr} \right) - \frac{\phi}{L^2} = 0 \tag{1.36}$$

この方程式の一般解は，零次の**変形 Bessel** (ベッセル) **関数**[*1]によって以下のように記述される．

$$\phi(r) = A_1 I_0 \left(\frac{r}{L} \right) + A_2 K_0 \left(\frac{r}{L} \right) \tag{1.37}$$

[*1]　付録 "Bessel 関数" 参照．また，工学教程数学系『複素関数論 II』8.3 節も参照されたい．

I_0 は $r \to \infty$ で発散するので $A_1 = 0$ である．A_2 はやはり原点近傍からの中性子の総漏洩が中性子源強度に等しいという関係

$$\lim_{r \to 0} \left(-2\pi r D \frac{d\phi}{dr} \right) = 2\pi D A_2 = S$$

から求めることができ，最終的にこの問題の解は以下の式で与えられる．

$$\phi(r) = \frac{S}{2\pi D} K_0 \left(\frac{r}{L} \right) \tag{1.38}$$

1.5.4　無限平板中の平面状中性子源

　厚さ $2a$ の無限平板媒質の中央に，単位面積あたり毎秒 S 個の中性子を等方に放出する平面状中性子源がある．外挿距離を d，$a' = a + d$ とする．中性子源を原点としてこれと垂直に x 軸をとると，原点以外の媒質中 $(0 < |x| < a')$ においては式 (1.29) と同じ拡散方程式が成り立ち，一般解が式 (1.30) で与えられる．

$$\phi(x) = A_1 e^{-x/L} + A_2 e^{x/L} \tag{1.30}$$

$x = a'$ での真空境界条件

$$\phi(a') = A_1 e^{-a'/L} + A_2 e^{a'/L} = 0$$

より，

$$A_2 = -A_1 e^{-2a'/L}$$
$$\phi(x) = A_1 e^{-a'/L} \left\{ e^{(a'-x)/L} - e^{(x-a')/L} \right\} \quad (x > 0) \tag{1.39}$$

となる．ここで，次の双曲線関数を定義する．

$$\sinh x = \frac{e^x - e^{-x}}{2} \tag{1.40}$$

$$\cosh x = \frac{e^x + e^{-x}}{2} \tag{1.41}$$

式 (1.40) を用いて式 (1.39) を書き表すことにより，

$$\phi(x) = 2A_1 e^{-a'/L} \sinh \left(\frac{a'-x}{L} \right) \quad (x > 0)$$

あらためて $A = 2A_1 e^{-a'/L}$ とおくことにより，

$$\phi(x) = A \sinh\left(\frac{a'-x}{L}\right) \qquad (x > 0) \tag{1.42}$$

となる．A は原点近傍からの中性子の総漏洩が中性子源強度に等しいという関係

$$\lim_{x \to 0}\left(-D\frac{d\phi}{dx}\right) = \frac{DA}{L}\cosh\left(\frac{a'}{L}\right) = \frac{S}{2}$$

から求めることができる．また，対称な $x < 0$ の領域についても同様に考えることができるので，最終的にこの問題の解は次のように記述される．

$$\phi(x) = \frac{LS}{2D\cosh(a'/L)}\sinh\left(\frac{a'-|x|}{L}\right) \tag{1.43}$$

1.5.5　球形媒質の中心に点状中性子源

半径 R の球形媒質の中心に毎秒 S 個の中性子を等方に放出する点状中性子源がある．外挿距離を d，$R' = R + d$ とする．中性子源を原点とする 1 次元極座標をとると，原点以外の媒質中 $(0 < x < R')$ においては式 (1.32) と同じ拡散方程式が成り立ち，一般解が式 (1.33) で与えられる．

$$\phi(r) = A_1 \frac{e^{-r/L}}{r} + A_2 \frac{e^{r/L}}{r} \tag{1.33}$$

$r = R'$ での真空境界条件は，

$$\phi(R') = A_1 \frac{e^{-R'/L}}{R'} + A_2 \frac{e^{R'/L}}{R'} = 0$$

また，原点近傍からの中性子の総漏洩が中性子源強度に等しいので，

$$\lim_{r \to 0}\left(-4\pi r^2 D \frac{d\phi}{dr}\right) = 4\pi D(A_1 + A_2) = S$$

より A_1，A_2 を求めて式 (1.33) に代入することにより，以下の結果を得る．

$$\phi(r) = \frac{S}{4\pi Dr}\frac{\sinh\left(\frac{R'-r}{L}\right)}{\sinh\left(R'/L\right)} \tag{1.44}$$

1.5.6　2領域無限平板媒質

厚さ $2a$ の無限平板媒質 1 の両側に媒質 2 が無限に広がっており，媒質 1 の中央に単位面積あたり毎秒 S 個の中性子を等方に放出する平面状中性子源がある (図 1.7)．媒質 1，媒質 2 の物性値をそれぞれ添字 1，2 で表すこととする．

各媒質中における拡散方程式が次式で与えられる．

$$\frac{d^2\phi_1}{dx^2} - \frac{\phi_1}{L_1^2} = 0 \qquad (0 < |x| \le a) \tag{1.45}$$

$$\frac{d^2\phi_2}{dx^2} - \frac{\phi_2}{L_2^2} = 0 \qquad (a < |x|) \tag{1.46}$$

境界条件は以下のとおりである．

$$\lim_{|x|\to\infty} \phi_2 = 0 \tag{1.47}$$

$$\phi_1(\pm a) = \phi_2(\pm a) \tag{1.48}$$

$$D_1 \left.\frac{d\phi_1}{dx}\right|_{x=\pm a} = D_2 \left.\frac{d\phi_2}{dx}\right|_{x=\pm a} \tag{1.49}$$

$$\lim_{x\to 0} \left(-D_1 \frac{d\phi_1}{dx}\right) = \frac{S}{2} \tag{1.50}$$

式 (1.45)，(1.46) の一般解は，

$$\phi_1 = A_1 \cosh\left(\frac{x}{L_1}\right) + C_1 \sinh\left(\frac{x}{L_1}\right) \tag{1.51}$$

$$\phi_2 = A_2 e^{-x/L_2} + C_2 e^{x/L_2} \tag{1.52}$$

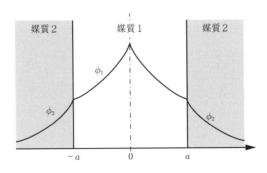

図 **1.7**　2 領域無限平板媒質

式 (1.47) より，

$$C_2 = 0$$

式 (1.50) より，

$$C_1 = -\frac{L_1 S}{2D_1}$$

式 (1.48) より，

$$A_1 \cosh\left(\frac{a}{L_1}\right) - \frac{L_1 S}{2D_1} \sinh\left(\frac{a}{L_1}\right) = A_2 e^{-a/L_2}$$

式 (1.49) より，

$$-\frac{D_1 A_1}{L_1} \sinh\left(\frac{a}{L_1}\right) + \frac{S}{2} \cosh\left(\frac{a}{L_1}\right) = \frac{D_2 A_2}{L_2} A_2 e^{-a/L_2}$$

となる．これを A_1，A_2 について解くと，以下の結果が得られる．

$$A_1 = \frac{L_1 S}{2D_1} \frac{D_1 L_2 \cosh(a/L_1) + D_2 L_1 \sinh(a/L_1)}{D_2 L_1 \cosh(a/L_1) + D_1 L_2 \sinh(a/L_1)} \tag{1.53}$$

$$A_2 = \frac{L_1 L_2 S}{2} \frac{e^{a/L_2}}{D_2 L_1 \cosh(a/L_1) + D_1 L_2 \sinh(a/L_1)} \tag{1.54}$$

この中性子束分布の概略を図 1.7 中に示す．異なる媒質の界面において中性子束と中性子流は連続であるが，中性子束勾配は連続でない．

2 中性子の減速

1章では，中性子のエネルギーは一定であるとして扱ってきた．しかし，非増倍体系において中性子は媒質原子核との衝突を繰り返してしだいに運動エネルギーを失い，やがては媒質と熱的平衡状態になる．本章では，このような過程における中性子束のエネルギー依存性について議論する．

2.1 中性子の弾性散乱

ここでは，中性子の減速において主要な役割をする弾性散乱の力学を扱う．

図 2.1 は原子核 (標的核) と中性子との弾性散乱を，それぞれ実験室系，重心系で観察した様子を示したものである．中性子と標的核の質量をそれぞれ m, M とする．また，実験室系での中性子，標的核の速度をそれぞれ $\mathbf{v}$, $\mathbf{V}$，重心系での中性子，標的核の速度をそれぞれ $\mathbf{w}$, $\mathbf{W}$ とし，散乱の前後を区別するために添字 1 および 2 を付す．ここで，速度ベクトルをボールド体で，そのノルムをイタリック体で表す．重心の速度を $\mathbf{U}$ とし，散乱前に標的核は実験室系で静止している ($\mathbf{V_1} = \mathbf{0}$) ものと仮定すると，

$$\mathbf{U} = \frac{m\mathbf{v_1} + M\mathbf{V_1}}{m + M} = \frac{m}{m + M}\mathbf{v_1} \tag{2.1}$$

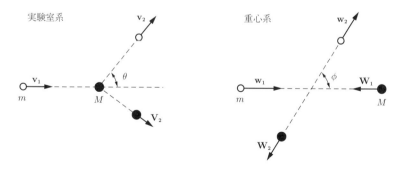

図 **2.1** 中性子の弾性散乱

$$\mathbf{w_1} = \mathbf{v_1} - \mathbf{U} = \frac{M}{m+M}\mathbf{v_1} \tag{2.2}$$

$$\mathbf{W_1} = \mathbf{V_1} - \mathbf{U} = -\frac{m}{m+M}\mathbf{v_1} \tag{2.3}$$

となる．式 (2.2), (2.3) と重心系における運動量とエネルギーの保存則

$$m\mathbf{w_1} + M\mathbf{W_1} = m\mathbf{w_2} + M\mathbf{W_2} = \mathbf{0} \tag{2.4}$$

$$\frac{1}{2}mw_1^2 + \frac{1}{2}MW_1^2 = \frac{1}{2}mw_2^2 + \frac{1}{2}MW_2^2 \tag{2.5}$$

より，

$$w_1 = w_2, \qquad W_1 = W_2 \tag{2.6}$$

が導かれ，重心系では散乱の前後で速さが不変であることがわかる．

ここで，$\mathbf{v_2}$, $\mathbf{w_2}$, $\mathbf{U}$ の関係を図示すると図 2.2 のようになる．余弦定理より，

$$v_2^2 = w_2^2 + U^2 + 2w_2 U\cos\phi$$

の関係が成り立ち，これに式 (2.1), (2.2), (2.6) を代入すると，

$$v_2^2 = \frac{M^2 + m^2 + 2Mm\cos\phi}{(M+m)^2}v_1^2$$

が得られる．実験室系における散乱前後の中性子の運動エネルギーを E_1, E_2 とし，標的核の原子量を $A\,(\approx M/m)$ とすると，次の関係式が得られる．

$$E_2 = \frac{A^2 + 2A\cos\phi + 1}{(A+1)^2}E_1 \tag{2.7}$$

さらに，

$$\alpha = \frac{(A-1)^2}{(A+1)^2} \tag{2.8}$$

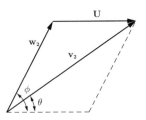

図 **2.2** 散乱後の中性子速度と散乱角の関係

と α を定義すると,

$$E_2 = \frac{1}{2}E_1[(1+\alpha) + (1-\alpha)\cos\phi] \tag{2.9}$$

となる. E_2 は $\phi = 0$ のときに最大値 E_1 を, $\phi = \pi$ のときに最小値 αE_1 をとる. また, 水素の場合には $\alpha = 0$ であり, 1 回の散乱で全運動エネルギーを失う可能性があるが, 重い原子核による 1 回の散乱では運動エネルギーをあまり失わない.

次に $\cos\phi = \mu_c$ とおき, E_2 の分布を考える. エネルギー E_1 をもった中性子が散乱後にエネルギー E_2 の近傍 dE_2 になる確率を $P(E_1 \to E_2)\,dE_2$, 重心系での散乱角余弦が μ_c の近傍 $d\mu_c$ になる確率を $f(\mu_c)\,d\mu_c$ で表すものとする. 散乱後のエネルギーと散乱角余弦は 1 対 1 に対応しているので,

$$P(E_1 \to E_2)\,dE_2 = f(\mu_c)\,d\mu_c$$

の関係がある. 式 (2.9) より,

$$E_2 = \frac{1}{2}E_1[(1+\alpha) + (1-\alpha)\mu_c]$$

$$dE_2 = \frac{1}{2}E_1(1-\alpha)\,d\mu_c$$

であり, これから,

$$P(E_1 \to E_2) = f(\mu_c)\frac{d\mu_c}{dE_2} = \frac{2}{E_1(1-\alpha)}f(\mu_c)$$

となる. ここで $f(\mu_c)$ が $-1 \le \mu_c \le 1$ で一様分布, すなわち散乱が重心系で等方ならば $f(\mu_c) = 1/2$ となり,

$$P(E_1 \to E_2) = \frac{1}{E_1(1-\alpha)} \qquad (\alpha E_1 \le E_2 \le E_1) \tag{2.10}$$

という結果が得られる. すなわち, 散乱後のエネルギー E_2 は最小値 αE_1 から最大値 E_1 の間で一様に分布する.

ここで, エネルギーの代わりに次式で定義される**レサジー**という物理量を導入する.

$$u = \ln\frac{E_0}{E} \tag{2.11}$$

E_0 は中性子源エネルギーで, レサジーは中性子が減速されるとともに増加する. 1 回の散乱におけるレサジーの平均増加量 ξ を求める.

$$\xi = \int_{\alpha E_1}^{E_1} \ln\frac{E_1}{E_2} P(E_1 \to E_2)\,dE_2$$

式 (2.10) を代入すると，

$$\xi = 1 + \frac{\alpha}{1-\alpha} \ln \alpha \qquad (2.12)$$

となる．ξ は散乱による減速の程度を示す指標であり，δu のレサジー増加を得るのに必要な散乱回数の平均は $\delta u / \xi$ で見積もられる[*1]．

2.2　吸収のない媒質中での減速

　ここでは吸収のない無限媒質中での中性子の弾性散乱による減速を扱う．媒質中でエネルギー E_0 の中性子が，毎秒，単位体積あたり一様に S 個発生すると仮定する．**衝突密度**を以下の式で定義する．

$$F(E) = \Sigma(E)\phi(E) \qquad (2.13)$$

$F(E)dE$ は単位体積あたりにエネルギー E の近傍 dE で毎秒起きる衝突 (中性子反応) の回数であるが，しばらくの間，弾性散乱だけを考慮する．

　次に，エネルギー E の近傍 dE での中性子の収支 (図 2.3) を考えると次の式が成立する．

$$F(E)\,dE = SP(E_0 \to E)\,dE + \int_E^{E_0} F(E')\,P(E' \to E)dE'dE \qquad (2.14)$$

式 (2.14) の左辺はエネルギー E の近傍 dE から衝突で失われていく中性子数，右辺第 1 項は，中性子源からエネルギー E_0 で発生したのち，1 回の衝突でエネルギー E の近傍 dE になる中性子数，右辺第 2 項は発生してから何回かの衝突によりエネルギー E' まで減速されたのちに，次の衝突でエネルギー E の近傍 dE に

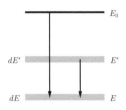

図 **2.3**　減速過程における中性子の収支

[*1]　工学教程『原子核工学 II』3.4.6 項参照．

なる中性子数である．図 2.3 では左側の矢印が第 1 項の減速を，右側矢印が第 2 項の減速を表している．

2.2.1　$A = 1$ の 場 合

媒質が水素 ($A = 1$) だけで構成されている場合，$\alpha = 0$ なので式 (2.10) より，

$$P\left(E \to E'\right) = \frac{1}{E}$$

となる．これを式 (2.14) に代入すると，

$$F(E) = \frac{S}{E_0} + \int_E^{E_0} \frac{F(E')}{E'} dE' \tag{2.15}$$

となる．この方程式の一般解は $F(E) = C/E$ であるが，境界条件 $F(E_0) = S/E_0$ から次の解を得る．

$$F(E) = \frac{S}{E} \tag{2.16}$$

弾性散乱しか考慮してないので，衝突密度の定義より，

$$\phi(E) = \frac{S}{\Sigma_{\mathrm{s}} E} \tag{2.17}$$

となり，散乱断面積が一定と仮定するとエネルギースペクトルは $1/E$ に比例する．
　レサジーの定義式 (2.11) より，

$$du = -\frac{dE}{E}$$

の関係があることから，単位レサジーあたりの衝突密度 $F(u)$ を求めると，

$$F(u) = S \tag{2.18}$$

となって中性子源強度と一致する．

2.2.2　$A > 1$ の 場 合

この場合，1 回の衝突で中性子が全運動エネルギーを失うことはなく，中性子源エネルギー E_0 で衝突した中性子の衝突後のエネルギーの最低値は αE_0 である．したがって，$\alpha E_0 \le E \le E_0$ においては式 (2.10)，(2.14) から，

$$F(E) = \frac{S}{E_0(1-\alpha)} + \int_E^{E_0} \frac{F(E')}{E'(1-\alpha)} dE' \tag{2.19}$$

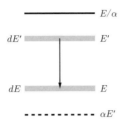

図 **2.4**　$A > 1$ の媒質での中性子の減速過程

が成り立つ. この式の一般解は,

$$F(E) = \frac{C}{E^{1/(1-\alpha)}}$$

であり, 境界条件

$$F(E_0) = \frac{S}{E_0(1-\alpha)}$$

から最終的に,

$$F(E) = \frac{SE_0^{1/(1-\alpha)}}{1-\alpha} \frac{1}{E^{1/(1-\alpha)}} \tag{2.20}$$

が得られる.

　一方, αE_0 より低いエネルギー領域には中性子源エネルギーで衝突した中性子が直接到達することはなく, 2 回以上の衝突を経験した中性子のみが存在する. したがって, 式 (2.14) の右辺第 1 項は消失する. 一般的に, $\alpha^n E_0 \leq E < \alpha^{n-1} E_0$ の区間には n 回以上の衝突を経験した中性子しか到達できない. エネルギー E にある中性子が最後の衝突前にもっていたエネルギーの最大値が E/α であるため, 右辺第 2 項の積分の上限は E/α までで十分であり (図 2.4), 式 (2.10) を代入して次式を得る.

$$F(E) = \int_E^{E/\alpha} \frac{F(E')}{E'(1-\alpha)} dE' \tag{2.21}$$

　$F(E) = C/E$ がこの方程式の解であることは明らかである. C を求めるために, 衝突によって毎秒, 単位体積あたりにエネルギー E を超えて減速していく中性子数である**減速密度** $q(E)$ を考える.

$$q(E) = \int_E^{E/\alpha} \int_{\alpha E_1}^{E} F(E_1) P(E_1 \to E_2) dE_2 dE_1$$

$$= \int_{E}^{E/\alpha} \frac{C}{E_1} \frac{E - \alpha E_1}{(1-\alpha)E_1} dE_1$$

$$= C \left(1 + \frac{\alpha}{1-\alpha} \ln \alpha \right)$$

$$= C\xi$$

吸収はないと想定しているので，$q(E) = S$ でなければならないことから，$C = S/\xi$ となり，以下の結果が得られる.

$$F(E) = \frac{S}{\xi E} \tag{2.22}$$

$$\phi(E) = \frac{S}{\xi E \Sigma_{\mathrm{s}}} \tag{2.23}$$

このように，衝突密度も中性子束も $1/E$ に比例する.

Placzek (プラチェック) によって求められた式 (2.19), (2.21) の解の概略を図 2.5 に示す. 中性子エネルギーが中性子源に近い領域では，式 (2.20) で表される特異な解の影響を受ける. しかし，$\alpha^3 E_0$ よりも低い領域になると多数回の衝突を経験することによってしだいにその影響はなくなり，$1/E$ に比例するエネルギースペクトルが現れる. このようなエネルギー領域を**漸近的領域**，$1/E$ に比例するエネルギースペクトルを**漸近スペクトル**とよぶ.

なお，複数の核種で構成される媒質では，各構成核種の物性値より以下の式で計算した媒質の実効的な物性値を用いればよい.

$$\Sigma_{\mathrm{s}} = \sum_{i=1}^{N} \Sigma_{\mathrm{s}i} \tag{2.24}$$

$$\bar{\xi} = \frac{1}{\Sigma_{\mathrm{s}}} \sum_{i=1}^{N} \xi_i \Sigma_{\mathrm{s}i} \tag{2.25}$$

ただし，$\Sigma_{\mathrm{s}i}$, ξ_i は構成核種 i の散乱断面積と ξ 値である.

表 2.1 に主な減速材の物性値を示す.

2.3　吸収のある媒質中での減速

次に，中性子吸収物質が混ざった一様な無限媒質中での減速を考える. 減速中の 1 個の中性子が吸収されずにエネルギー E に到達する確率 $p(E)$ を，**吸収を逃**

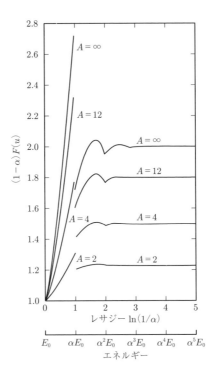

図 **2.5**　さまざまな質量数の減速材に対する衝突密度

表 **2.1**　主な減速材の物性値

物　性	軽水 (H$_2$O)	重水 (D$_2$O)	黒鉛 (C)
密度 ρ (g·cm^{-3})	1.00	1.10	1.6
原子・分子数密度 N (10^{24} cm^{-3})	0.0334	0.0332	0.0802
散乱断面積 σ_s^* (b)	103	13.6	4.75
吸収断面積 σ_a^* (b)	0.664	0.00133	0.0034
平均レサジー増分 $\bar{\xi}$	0.92	0.509	0.158
拡散係数 D (cm)	0.16	0.87	0.84
拡散距離 L (cm)	2.85	170	59

* 0.0253 eV (2200 m·s^{-1}) における値

Reactor Physics Constants, USAEC Report ANL-5800, 2nd ed., 1963.

れる確率とよぶ. 吸収を逃れる確率は, 吸収される中性子の数を集計することによって以下の式で計算することができる.

$$p(E) = 1 - \frac{1}{S} \int_E^{E_0} \Sigma_{\mathrm{a}}(E')\,\phi(E')\,dE' \tag{2.26}$$

　減速過程にある中性子の吸収が問題となるのは共鳴のあるエネルギー領域である. 共鳴は核分裂中性子の発生エネルギーよりも十分に低いエネルギー領域にあるために, 漸近的領域にあると考えてよく, 共鳴領域では次の漸近スペクトルが形成されている.

$$\phi(E) = \frac{S}{\bar{\xi} E \Sigma_{\mathrm{t}}} \tag{2.27}$$

ただし, $\bar{\xi}$ は式 (2.25) で与えられる混合媒質の実効的な ξ 値である. 共鳴がある範囲では共鳴吸収によってスペクトルが落ち込むが, 共鳴の幅に比べて共鳴の間隔が十分に広いと仮定すると, 一つの共鳴によるスペクトルへの影響は次の共鳴のエネルギーまでにはなくなり, 漸近スペクトルが回復すると仮定してよい. そこで, 個別の共鳴吸収を逃れる確率を独立に考えることにする.

　いま, i 番目の共鳴がエネルギー E_i にあるものとする. この共鳴吸収を逃れる確率 p_i は, 式 (2.26) の積分範囲を共鳴が存在するエネルギー範囲 $[E_i - \Delta_i,\, E_i + \Delta_i]$ とし,

$$p_i = 1 - \int_{E_i - \Delta_i}^{E_i + \Delta_i} \frac{\Sigma_{\mathrm{a}}}{\Sigma_{\mathrm{t}}} \frac{dE}{\bar{\xi} E} \tag{2.28}$$

となる.

　これより, $E{\sim}E_0$ にある N 個の共鳴吸収を逃れる確率は以下のようになる.

$$\begin{aligned}
p(E) &= p_1 p_2 \cdots p_N \\
&= \prod_{i=1}^{N} \left(1 - \int_{E_i - \Delta_i}^{E_i + \Delta_i} \frac{\Sigma_{\mathrm{a}}}{\Sigma_{\mathrm{t}}} \frac{dE}{\bar{\xi} E} \right) \\
&\approx \prod_{i=1}^{N} \exp\left(- \int_{E_i - \Delta_i}^{E_i + \Delta_i} \frac{\Sigma_{\mathrm{a}}}{\Sigma_{\mathrm{t}}} \frac{dE}{\bar{\xi} E} \right) \\
&= \exp\left(- \sum_{i=1}^{N} \int_{E_i - \Delta_i}^{E_i + \Delta_i} \frac{\Sigma_{\mathrm{a}}}{\Sigma_{\mathrm{t}}} \frac{dE}{\bar{\xi} E} \right) \\
&= \exp\left(- \int_{E}^{E_0} \frac{\Sigma_{\mathrm{a}}}{\Sigma_{\mathrm{t}}} \frac{dE}{\bar{\xi} E} \right)
\end{aligned} \tag{2.29}$$

ただし，共鳴のない領域では $\Sigma_\mathrm{a} \approx 0$ と仮定し，$x \approx 0$ で $1 - x \approx e^{-x}$ となる近似を用いた．

ここで，N_A，N_M をそれぞれ吸収物質と減速物質の原子数密度，σ_a を吸収物質のミクロ吸収断面積，σ_s を減速物質のミクロ散乱断面積とする．ただし，減速物質による中性子吸収はなく，減速物質の散乱断面積はエネルギーに依存せず一定であると仮定する．

2.3.1 NRIM 近 似

吸収物質の原子核が非常に重く $(A \approx \infty)$，吸収物質との衝突によって中性子はエネルギーを失わない $(\alpha \approx 1)$ と仮定する．このような仮定を，**NRIM** (narrow resonance infinite mass) 近似とよぶ．この場合，吸収物質による散乱は中性子の減速に何らの効果をもたないので，吸収物質による散乱を無視してよい．

これより，

$$\Sigma_\mathrm{t}(E) = N_\mathrm{A}\sigma_\mathrm{a}(E) + N_\mathrm{M}\sigma_\mathrm{s}$$

となって，式 (2.29) は次のように書き換えられる．

$$p = \exp\left[-\frac{N_\mathrm{A}}{N_\mathrm{M}\sigma_\mathrm{s}\bar{\xi}} \int_E^{E_0} \frac{\sigma_\mathrm{a}(E)}{1 + \frac{N_\mathrm{A}\sigma_\mathrm{a}(E)}{N_\mathrm{M}\sigma_\mathrm{s}}} \frac{dE}{E} \right]$$

上式右辺の積分を NRIM 近似による**実効共鳴積分**とよぶ．$\Sigma_\mathrm{p} = N_\mathrm{M}\sigma_\mathrm{s}$ と定義すると，実効共鳴積分

$$I = \int_E^{E_0} \frac{\sigma_\mathrm{a}(E)}{1 + \frac{N_\mathrm{A}\sigma_\mathrm{a}(E)}{\Sigma_\mathrm{p}}} \frac{dE}{E} \tag{2.30}$$

を用いて共鳴吸収を逃れる確率は次のように表される．

$$p = \exp\left(-\frac{N_\mathrm{A}I}{\Sigma_\mathrm{p}\bar{\xi}} \right) \tag{2.31}$$

ここで，減速物質に比べて吸収物質が非常に薄い状況 $(N_\mathrm{A} \ll N_\mathrm{M})$ を考える．このときの実効共鳴積分は，以下の**無限希釈共鳴積分**になる．

$$I_\infty = \int_E^{E_0} \frac{\sigma_\mathrm{a}(E)}{E} dE \tag{2.32}$$

実効共鳴積分は無限希釈共鳴積分よりも小さく，吸収物質の濃度が増すにつれて低下する．これは共鳴吸収のある範囲だけ吸収によって中性子束が低下するため

であり，**自己遮蔽効果**とよばれるものの一種である．

2.3.2 NR 近 似

次に，吸収物質による減速効果が無視できない場合を考える．ただし，吸収物質との衝突によって失われる中性子エネルギーが共鳴の幅よりも十分に大きく，共鳴の内部で吸収物質と 2 回以上衝突することはないと仮定する．このような仮定を，**NR** (narrow resonance) 近似とよぶ．

この場合の全断面積は，

$$\Sigma_t(E) = N_A \sigma_r(E) + N_A \sigma_p + N_M \sigma_s$$

となる．σ_r, σ_p は吸収物質のそれぞれミクロ全共鳴断面積とポテンシャル散乱断面積で，前者は共鳴吸収と共鳴散乱を含み，後者はエネルギーに依存せず一定である．$\Sigma_p = N_A \sigma_p + N_M \sigma_s$ と再定義すると，NR 近似での実効共鳴積分は

$$I_{NR} = \int_E^{E_0} \frac{\sigma_a(E)}{1 + \frac{N_A \sigma_r(E)}{\Sigma_p}} \frac{dE}{E} \tag{2.33}$$

となり，共鳴吸収を逃れる確率は式 (2.31) で与えられる．また，吸収物質が非常に薄い場合の実効共鳴積分は，やはり無限希釈共鳴積分となる．

2.4 共鳴領域の断面積

2.4.1 Breit–Wigner の公式

中性子と原子核が衝突してエネルギーレベル E_r の励起状態にある複合核を形成する反応の断面積は，次の **Breit–Wigner** (ブライト・ウィグナー) の公式で与えられる．

$$\sigma_r(E) = \pi \lambda^2 g \frac{\Gamma_n \Gamma}{(E - E_r)^2 + (\Gamma^2/4)} \tag{2.34}$$

λ は中性子の de Broglie (ド・ブロイ) 波長の $1/2\pi$，g は統計因子，Γ_n, Γ はそれぞれ中性子幅，全幅とよばれるパラメータである．$\sigma_r(E)$ は図 2.6 に示すような E_r を中心とする釣鐘型のエネルギー依存性を有し，全幅 Γ は最大値

$$\sigma_r(E_r) = 4\pi \lambda^2 g \frac{\Gamma_n}{\Gamma} \tag{2.35}$$

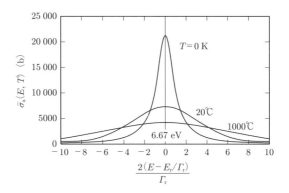

図 **2.6** 共鳴吸収断面積と Doppler 効果による広がり

の半分の値のエネルギー幅である半値幅になっている.

複合核は Planck (プランク) 定数の $1/2\pi$ を $\hbar$ として平均寿命 $\hbar/\Gamma$ で崩壊する. 平均寿命の逆数が崩壊定数 λ であるが, ある特定スキーム x で崩壊する分岐率 P_x は全幅に対する部分幅の割合で表される.

$$P_x = \frac{\lambda_x}{\lambda} = \frac{\Gamma_x}{\Gamma}$$

これより, この崩壊スキームに対応する反応の断面積は次式で与えられる.

$$\sigma_x\left(E\right) = \sigma_{\mathrm{r}}(E)\frac{\Gamma_x}{\Gamma} = \pi\lambda^2 g\frac{\Gamma_{\mathrm{n}}\Gamma_x}{\left(E - E_{\mathrm{r}}\right)^2 + \left(\Gamma^2/4\right)} \tag{2.36}$$

中性子放出で崩壊すれば弾性散乱, γ 線放出で崩壊すれば中性子捕獲, 核分裂で崩壊すれば核分裂である.

弾性散乱の場合には複合核形成した後に中性子放出で崩壊する場合と, 原子核と直接ポテンシャル散乱する場合とがある. 両者が干渉することによって, 共鳴散乱断面積は以下のような関数で表される.

$$\sigma_{\mathrm{s}}\left(E\right) = \frac{\pi\lambda^2 g\Gamma_{\mathrm{n}}^2}{\left(E - E_{\mathrm{r}}\right)^2 + \left(\Gamma^2/4\right)} + \frac{4\pi\lambda gR(E - E_{\mathrm{r}})\Gamma_{\mathrm{n}}}{\left(E - E_{\mathrm{r}}\right)^2 + \left(\Gamma^2/4\right)} + 4\pi R^2 \tag{2.37}$$

第 1 項は複合核形成による散乱, 第 3 項はポテンシャル散乱, 第 2 項が両者の干渉項であり, R は核半径である. 第 2 項の影響で, 共鳴散乱断面積は図 2.7 に示すように共鳴の周辺で非対称になる.

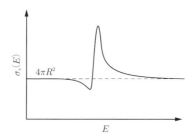

図 2.7 共鳴の周辺での弾性散乱断面積

2.4.2 Doppler 効果

これまで原子核は実験室系で静止していると仮定してきたが，実際には細かく熱振動しているので，特定エネルギーの中性子に対しても向かって動いている場合と遠ざかって動いている場合とで相対速度に違いが生じる．中性子反応の断面積は中性子と原子核との相対速度で決まるため，中性子エネルギーだけでなく媒質の温度にも依存することになる．このような現象が **Doppler** (ドップラー) **効果**である．

中性子と原子核との相対運動のエネルギー E_{rel} は，重心系における両者の運動エネルギーの総和であり，相対速度 v_{rel} より以下の式で与えられる．

$$E_{\mathrm{rel}} = \frac{1}{2} \frac{mM}{m+M} v_{\mathrm{rel}}^2 \approx \frac{m}{2} v_{\mathrm{rel}}^2 \tag{2.38}$$

媒質の結晶構造を無視すれば，媒質原子核の運動は **Maxwell** (マクスウェル) **分布**に従い，運動方向は等方であると仮定してよい．このとき，実験室系での特定の中性子エネルギー E に対する相対運動エネルギー E_{rel} の分布関数を $P(E_{\mathrm{rel}}, E)$ とすると，これは E を中心とする次の Gauss (ガウス) 分布で与えられる．

$$P(E_{\mathrm{rel}}, E) = \frac{1}{\sqrt{\pi}\,\Gamma_D} \exp\left[-\left(\frac{E_{\mathrm{rel}} - E}{\Gamma_D}\right)^2\right] \tag{2.39}$$

ただし，

$$\Gamma_D = \sqrt{\frac{4EkT}{A}} \tag{2.40}$$

は Doppler 幅とよばれるパラメータで，A は原子核の質量数，k は Boltzmann (ボルツマン) 定数，T は媒質の絶対温度である．

中性子密度を n，反応率を R として，実験室系でエネルギー E，速さ v の中性子に対する実効的な平均断面積 $\bar{\sigma}_x(E,T)$ を次のように定義する．

$$\bar{\sigma}_x(E,T) = \frac{R}{nv} = \int \sigma_x(E_{\rm rel}) \left(\frac{v_{\rm rel}}{v}\right) P(E_{\rm rel}, E)\, dE_{\rm rel} \qquad (2.41)$$

$P(E_{\rm rel}, E)$ は区間 $(E - \Gamma_D, E + \Gamma_D)$ に窓をもつような重み関数であり，おおまかにいえば，式 (2.41) は $\sigma_x(E)$ をこの区間で平均化した結果が $\bar{\sigma}_x(E,T)$ であることを示している．

$T = 0\,{\rm K}$ で $\bar{\sigma}_x(E,T)$ は Breit–Wigner の公式と同じになって Doppler 効果は現れない．温度が高くなるほど Γ_D は大きな値になるので，温度が高くなるほど平均化する範囲は広がり，$\bar{\sigma}_x(E,T)$ の共鳴のピークはなだらかになる．ただし，曲線の下の部分の面積は一定である．図 2.6 は三つの温度に対して $^{238}{\rm U}$ の $6.67\,{\rm eV}$ にある共鳴吸収断面積を描いたものである．温度が高くなるにつれて，共鳴の幅が広がるとともにピークがなだらかになっているのがわかる．

2.4.3　実効共鳴積分の温度依存性

Doppler 効果による共鳴幅の広がりが実効共鳴積分に与える影響を調べるため，図 2.8 に示すような幅の異なる矩形の共鳴を考える．ここで，矩形領域の面積は等しいと仮定する．

$$\sigma_1 \Gamma_1 = \sigma_2 \Gamma_2, \qquad \Gamma_1 < \Gamma_2, \qquad \sigma_1 > \sigma_2 \qquad (2.42)$$

$\sigma_0 = \Sigma_{\rm p}/N_{\rm A}$ を一定と仮定し，式 (2.30) で実効共鳴積分を求める．

$$I_i = \int_{\Gamma_i} \frac{\sigma_i}{1 + (\sigma_i/\sigma_0)} \frac{dE}{E} \qquad (i = 1, 2) \qquad (2.43)$$

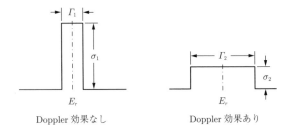

図 **2.8**　実効共鳴積分の温度依存性を考えるためのモデル

$E \approx E_r$ より，

$$I_1 \approx \frac{\sigma_1 \Gamma_1}{1 + (\sigma_1/\sigma_0)} \frac{1}{E_r}, \qquad I_2 \approx \frac{\sigma_2 \Gamma_2}{1 + (\sigma_2/\sigma_0)} \frac{1}{E_r} \tag{2.44}$$

式 (2.42) の関係より明らかに $I_1 < I_2$ であり，Doppler 効果によって実効共鳴積分は大きくなり，共鳴吸収を逃れる確率は低下する．

2.5　熱中性子スペクトル

2.5.1　Maxwell 分布

媒質の原子核は静止しておらず，温度に対応して微細な熱振動をしているので，速度の非常に遅い中性子は原子核との衝突によってエネルギーを失うだけでなく得ることもある．吸収も発生もない無限媒質において十分時間がたつと，中性子と媒質との正味のエネルギーのやりとりがゼロになる．このような状態が熱的平衡状態で，媒質と熱的平衡状態にある中性子を**熱中性子**，熱中性子が支配的となるエネルギー領域を**熱領域**とよぶ．熱中性子のエネルギースペクトルは，次の **Maxwell 分布**となることが統計力学的に知られている．

$$\phi_M(E) = \frac{2\pi n}{(\pi k T)^{3/2}} \left(\frac{2}{m}\right)^{1/2} E e^{-E/kT} \tag{2.45}$$

ここで，n は中性子密度，m は中性子の質量，k は Boltzmann 定数，T は媒質の絶対温度である．

図 2.9 に熱中性子スペクトルの概形を示す．ϕ_M を最大にする最大期待エネルギーと最大期待速度は，

$$E_p = kT \tag{2.46}$$

$$v_p = \sqrt{\frac{2kT}{m}} \tag{2.47}$$

で与えられ，20°C における具体的な値は，$E_p = 0.0253\,\mathrm{eV}$，$v_p = 2200\,\mathrm{m \cdot s^{-1}}$ である．一方，平均エネルギーと平均速度は以下のとおりである．

$$\bar{E} = \frac{3}{2}kT = \frac{3}{2}E_p \tag{2.48}$$

$$\bar{v} = \frac{2}{\sqrt{\pi}}v_p \tag{2.49}$$

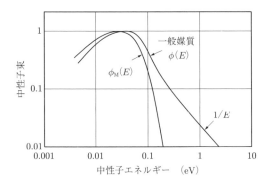

図 **2.9**　熱中性子スペクトル

2.5.2　一般媒質における熱中性子スペクトル

　減速過程による熱中性子の供給や吸収物質による吸収がある場合の熱中性子スペクトルは媒質温度の Maxwell 分布からずれるが，おおまかには Maxwell 分布と $1/E$ の漸近スペクトルをつないだような形をしている (図 2.9)．ほとんどの核種では中性子エネルギーが低いほど吸収断面積が大きく，熱中性子は高エネルギー側から供給されて低エネルギー側で吸収される．このため，熱中性子スペクトルのピーク位置は媒質温度の Maxwell 分布より高エネルギー側にシフトし，一般媒質の熱中性子スペクトルを最も再現する Maxwell 分布の温度 T_n は媒質温度 T_m よりも若干高い．T_n を**中性子温度**とよぶ．中性子温度は吸収が増えると上昇し，吸収が比較的弱い範囲では次の Deutch (ドイッチェ) の式で求められる．

$$T_n = T_m \left(1 + 0.75 \frac{\Sigma_a}{\xi \Sigma_s} \right) \tag{2.50}$$

2.5.3　熱中性子による反応率

　熱領域全体で積分した中性子束を**熱中性子束**とよぶ．積分の上限としては，Maxwell 分布と漸近スペクトルのおおまかなつなぎ目になる 1 eV とすることが多い．Maxwell 分布だけの場合，積分上限を無限大にまで拡大しても結果に大差ないので，

$$\phi_T \approx \int_0^\infty \phi_M (E) \, dE$$

$$= \frac{2}{\sqrt{\pi}} n \sqrt{\frac{2kT_{\mathrm{n}}}{m}} = \frac{2}{\sqrt{\pi}} n v_{\mathrm{p}} \tag{2.51}$$

となる.

熱領域における物性値や物理量は，温度 20°C に対する値 ($E_0 = 0.0253\,\mathrm{eV}$, $v_0 = 2200\,\mathrm{m \cdot s^{-1}}$) を基準として考える．熱中性子断面積として与えられるのは，この基準エネルギー ($0.0253\,\mathrm{eV}$) に対する値であることが多い.

$\mathbf{v}$ を中性子の速度，$\mathbf{V}$ を原子核の速度，$\mathbf{v_r} (= \mathbf{v} - \mathbf{V})$ を中性子と原子核の相対速度とする．多くの原子核の吸収断面積は熱領域で $1/v_{\mathrm{r}}$ に比例するように変化し，これを $1/v$ 吸収とよぶ[*2]．$1/v$ 吸収体の断面積を v_0 に対する断面積で表すと，

$$\sigma_{\mathrm{a}}(v_{\mathrm{r}}) = \sigma_{\mathrm{a}}(v_0) \frac{v_0}{v_{\mathrm{r}}} \tag{2.52}$$

となる．中性子と原子核の速度分布関数をそれぞれ $n(\mathbf{v})$, $N(\mathbf{V})$ とすると，熱中性子による吸収反応率が次のように求められる.

$$
\begin{aligned}
R &= \iint n(\mathbf{v}) N(\mathbf{V}) \sigma_{\mathrm{a}}(v_{\mathrm{r}}) v_{\mathrm{r}} d\mathbf{v} d\mathbf{V} \\
&= \sigma_{\mathrm{a}}(v_0) v_0 \iint n(\mathbf{v}) N(\mathbf{V}) d\mathbf{v} d\mathbf{V} \\
&= N \sigma_{\mathrm{a}}(v_0) n v_0
\end{aligned} \tag{2.53}
$$

n, N は中性子密度と原子核密度である．さらに式 (2.51) より，

$$R = N \sigma_{\mathrm{a}}(v_0) \frac{\sqrt{\pi}}{2} \left(\frac{v_0}{v_{\mathrm{p}}}\right) \phi_{\mathrm{T}} \tag{2.54}$$

となり，熱中性子に対する実効的吸収断面積が次式で表される.

$$\bar{\sigma}_{\mathrm{a}} - \frac{R}{N\phi_{\mathrm{T}}} - \frac{\sqrt{\pi}}{2} \left(\frac{v_0}{v_{\mathrm{p}}}\right) \sigma_{\mathrm{a}}(v_0) - \frac{\sqrt{\pi}}{2} \left(\frac{T_0}{T_{\mathrm{n}}}\right)^{1/2} \upsilon_{\mathrm{a}}(v_0) \tag{2.55}$$

ところで，熱領域の吸収断面積は厳密に $1/v$ に比例して変化しない．この場合，補正因子 $g_{\mathrm{a}}(T_{\mathrm{n}})$ を導入して $1/v$ 吸収からのずれを補正する．これを**非 $1/v$ 因子**とよぶ．非 $1/v$ 因子を考慮した実効的吸収断面積は次式で与えられる.

$$\bar{\sigma}_{\mathrm{a}} = \frac{\sqrt{\pi}}{2} g_{\mathrm{a}}(T_{\mathrm{n}}) \left(\frac{T_0}{T_{\mathrm{n}}}\right)^{1/2} \sigma_{\mathrm{a}}(v_0) \tag{2.56}$$

[*2]　工学教程『原子核工学 II』3.4.5 項参照.

核分裂断面積に関しても，$g_f(T_n)$ を定義して同様に表される．

$$\bar{\sigma}_f = \frac{\sqrt{\pi}}{2} g_f(T_n) \left(\frac{T_0}{T_n}\right)^{1/2} \sigma_f(v_0) \qquad (2.57)$$

表 2.2 に主な中性子吸収物質に対する非 $1/v$ 因子を示す．

表 **2.2** 主な中性子吸収物質に対する非 $1/v$ 因子

温度 (°C)	Cd	In	^{135}Xe	^{149}Sm	^{233}U	
	g_a	g_a	g_a	g_a	g_a	g_f
20	1.3203	1.0192	1.1581	1.6170	0.9983	1.0003
100	1.5990	1.0350	1.2103	1.8874	0.9972	1.0011
200	1.9631	1.0558	1.2360	2.0903	0.9973	1.0025
400	2.5589	1.1011	1.1846	2.1854	1.0010	1.0068
600	2.9031	1.1522	1.0914	2.0852	1.0072	1.0128
800	3.0455	1.2123	0.9887	1.9246	1.0146	1.0201
1000	3.0599	1.2915	0.8858	1.7568	1.0226	1.0284

温度 (°C)	^{235}U		^{238}U	^{239}Pu		
	g_a	g_f	g_a	g_a	g_f	
20	0.9780	0.9759	1.0017	1.0723	1.0487	
100	0.9610	0.9581	1.0031	1.1611	1.1150	
200	0.9457	0.9411	1.0049	1.3388	1.2528	
400	0.9294	0.9208	1.0085	1.8905	1.6904	
600	0.9229	0.9108	1.0122	2.5321	2.2037	
800	0.9182	0.9036	1.0159	3.1006	2.6595	
1000	0.9118	0.8956	1.0198	3.5353	3.0079	

C.H. Westcott: *Effective Cross Section Values for Well-Moderated Thermal Reactor Spectra, ARCL-1101* (1962); E.C. Smith, *et al.*: *Phys. Rev.* **115**, (1959) 1693.

3 原子炉の解析

　核分裂連鎖反応によって，体系中の中性子数が定常的に維持されている状態が臨界であり，制御された状態で核分裂連鎖反応を起こすための装置が原子炉である．本章では，原子炉が臨界になる条件と，そのときの中性子束分布を求めるための基礎となる理論の中で最も簡単な一群拡散理論をとりあげる．

3.1 核分裂連鎖反応と臨界

3.1.1 原子炉の仕組み

　ウランのような重い原子核が中性子を吸収すると核分裂反応が起こり，2個以上の核分裂片に分裂するとともに数個の**核分裂中性子**が放出される．体系に核分裂する原子核が十分な量存在すれば，放出された中性子をそれに再び吸収させて継続的に核分裂を起こすことができる．これが**核分裂連鎖反応**である．時間がたっても核分裂連鎖反応が一定の水準で維持されている状態を**臨界**，連鎖反応が時間とともに減衰してしまう状態を**未臨界**，時間とともに増進される状態を**超臨界**とよぶ．

　制御された状態で核分裂連鎖反応を起こすための装置が**原子炉**である．原子炉にはさまざまな種類，規模，構造のものがあるが，現在最も普及しているのは**熱中性子炉**に分類される原子炉である．図 3.1 に熱中性子炉の構造の概念図を示す．原子炉の主要部材が装荷された部分は**炉心**とよばれる．

　核燃料はウランやプルトニウムなどの核分裂する核種を含んだ，多くは棒状や板状の物質で，この中で核分裂連鎖反応が起こる．**減速材**は，高エネルギーの核分裂中性子を散乱反応によって熱領域まで減速するための媒質で，黒鉛などの固体減速材や水などの液体減速材が用いられる．**冷却材**は核反応で発生した熱を除去し，炉心を冷却するための液体あるいは気体の冷媒である．なお，冷却材が減速材を兼ねる場合もある．**制御棒**は原子炉の臨界性を制御し，原子炉を起動・停止したり核分裂連鎖反応の勢いを調整したりするための機器である．中性子をよく吸収する物質を棒状に成形したものを，炉心に出し入れする方式が主として用

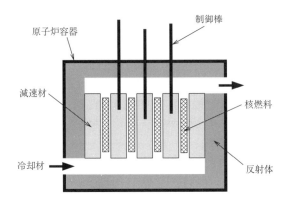

図 3.1   熱中性子炉の炉心構造

いられる．**反射体**は散乱反応によって炉心からもれてくる中性子を炉心に戻す役割をする減速材の層で，炉心を囲むように設けられる．**原子炉容器**は炉心を格納する容器で，冷却材の圧力バウンダリを構成する．

　熱中性子炉では減速材を用い，約 2 MeV の高エネルギーで発生した核分裂中性子を，あえて 1 eV 以下の熱領域まで減速してから核燃料に吸収させるようにしている．これは，高速中性子よりも熱中性子に対する核分裂断面積のほうがはるかに大きいため，ほとんどの核分裂が熱中性子によって起こるようにしたほうが少ない核燃料で原子炉を臨界にできるからである．

　熱中性子炉の中でも電力生産に現在主として用いられているのは，軽水 (重水でない通常の水を軽水とよぶ) を減速材とする**軽水炉** (light water reactor: **LWR**) であるが，軽水炉には炉心で沸騰が起こる**沸騰水型軽水炉** (boiling water reactor: **BWR**) と，沸騰が起こらない**加圧水型軽水炉** (pressurized water reactor: **PWR**) がある．軽水炉以外の熱中性子炉では，黒鉛を減速材とする黒鉛炉や，重水を減速材とする重水炉が実用化されている．

　一方，減速材を用いずに熱中性子になる前の比較的高エネルギーの中性子で核分裂が起こるように設計した原子炉が**高速炉**である．高速炉は，臨界にするのに必要な核燃料の量が熱中性子炉よりも多く，炉心も大きくなるが，後で解説する核燃料の増殖にとって有利である．

3.1.2 四因子公式と実効増倍係数

熱中性子炉の臨界性を議論するため，核分裂で発生した中性子が核燃料に吸収されて再び核分裂を起こすまでの過程をみてみよう (図 3.2).

1 回の核分裂では数個の核分裂中性子が生成するが，その平均生成個数を ν で表す．ν 値は核種と中性子エネルギーに依存し，中性子エネルギーが高くなると増加する．核分裂によって中性子数は ν 倍に増える．

核燃料として利用可能なのは，低エネルギー中性子でも核分裂を起こすことができる ^{235}U や ^{239}Pu などの核種である．これらの核種が一般的に**核分裂性物質**とよばれており，^{235}U は自然界に存在する唯一の核分裂性物質である．これに対して，^{238}U などは約 1 MeV 以上の高エネルギー中性子でなければ核分裂を起こすことができない．このような核種は，**核分裂可能物質**とよばれる．熱中性子炉においてはほとんどの核分裂が熱中性子によって起こされるが，減速される前の高速中性子によって起こされる核分裂も無視できない．そこで，高速核分裂によって核分裂中性子が増える効果を**高速核分裂補正因子** ε によって表す．高速核分裂補正因子は，

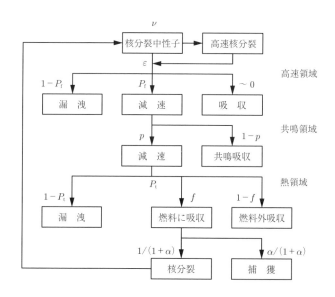

図 3.2　原子炉における中性子サイクル

$$\varepsilon = \frac{全核分裂中性子発生数}{熱中性子による核分裂中性子発生数}$$

で定義され，1 よりわずかに大きい値をとる．

　高エネルギーをもつ核分裂中性子は次に減速過程に入るが，その前に炉心を構成する部材に吸収されたり体系から漏洩したりする可能性がある．高速中性子に対する吸収断面積は一般的に非常に小さいので，ここでは高速中性子の吸収を無視することにする．ここで，高速中性子が体系からもれない確率を P_f と定義する．無限大体系では $P_f = 1$ である．

　減速過程に入った中性子は，共鳴吸収を受ける．ここで，2.3 節で議論した共鳴吸収を逃れる確率 p を導入する．

　共鳴吸収を逃れて熱領域にまで減速された中性子は，そこで体系外に漏洩する可能性があるので，熱中性子が体系からもれない確率を P_t と定義する．無限大体系では $P_t = 1$ である．もれなかった熱中性子は炉心のどこかで吸収されるが，熱領域では核燃料物質以外の材料の吸収断面積も大きくなるため，すべてが核燃料に吸収されるわけではない．そこで，**熱中性子利用率** f を以下のように定義する．

$$f = \frac{燃料に吸収される熱中性子数}{吸収される全熱中性子数}$$

　燃料への熱中性子吸収がすべて核分裂を起こすわけではなく，単に捕獲されて終わってしまう場合もある．その割合を求めるには，捕獲反応と核分裂反応の断面積比

$$\alpha = \frac{\Sigma_c}{\Sigma_f} \tag{3.1}$$

が必要である．ここで，マクロ断面積は核燃料物質に対する値である．すると，核燃料への熱中性子吸収で核分裂が起こる確率は $1/(1 + \alpha)$ となる．

　核分裂によって中性子が発生してから以上の過程を 1 サイクル経たのちに，中性子数が何倍になっているかを計算する．生物にならって中性子が発生してから吸収によって消滅するまでを中性子の 1 世代と考え，世代交代するごとに中性子数が何倍に増えるかによって**中性子増倍係数** k を定義する．

　漏洩のない無限大体系に対する中性子増倍係数は**無限大増倍係数**とよばれ，図 3.2 より以下のようになる．

$$k_\infty = \frac{\nu}{1 + \alpha} \varepsilon p f \tag{3.2}$$

ここで，次のパラメータを導入する．

$$\eta = \frac{\nu}{1 + \alpha} \tag{3.3}$$

η 値は核燃料への熱中性子吸収 1 個あたりの核分裂中性子の平均発生数を表す. これを用いると, 無限大増倍係数を与える式は,

$$k_\infty = \eta \varepsilon p f \tag{3.4}$$

となる. この式を**四因子公式**とよぶ.

体系が有限の場合には, 高速中性子が体系からもれない確率, 熱中性子が体系からもれない確率を考慮に入れて, 中性子増倍係数は以下の式で与えられる.

$$k_{\mathrm{eff}} = \eta \varepsilon p f P_{\mathrm{f}} P_{\mathrm{t}} = k_\infty P_{\mathrm{f}} P_{\mathrm{t}} \tag{3.5}$$

有限体系に対する上記の k_{eff} を**実効増倍係数**とよぶ.

$k_{\mathrm{eff}} = 1$ の場合, 時間が経過しても中性子数は一定であり, 定常的な核分裂連鎖反応が継続するのでこの体系は臨界である. $k_{\mathrm{eff}} < 1$ の場合には中性子数は時間とともに減少するので体系は未臨界であり, $k_{\mathrm{eff}} > 1$ の場合には中性子数は時間とともに増加するので体系は超臨界である.

3.1.3　転　換　と　増　殖

^{238}U や ^{232}Th などの核種は核分裂性物質ではないが, ^{238}U, ^{232}Th が中性子を捕獲すると図 3.3 に示すような過程で核分裂性物質である ^{239}Pu や ^{233}U が生成する. 天然ウラン中の ^{235}U の同位体比は約 0.7% にすぎず, 資源量としては十分でない. しかし, 図 3.3 の過程で天然に多量に存在する ^{238}U や ^{232}Th から核分裂性物質を生産することができる. このように, そのものは核分裂性物質ではないものの核分裂性物質の原料になり得る物質を**親物質**, 核分裂性物質の親物質

$$n + {}^{238}\mathrm{U} \longrightarrow {}^{239}\mathrm{U} \xrightarrow[23\ \mathrm{m}]{\beta} {}^{239}\mathrm{Np} \xrightarrow[2.3\ \mathrm{d}]{\beta} {}^{239}\mathrm{Pu}$$

$$n + {}^{232}\mathrm{Th} \longrightarrow {}^{233}\mathrm{Th} \xrightarrow[22\ \mathrm{m}]{\beta} {}^{233}\mathrm{Pa} \xrightarrow[24.7\ \mathrm{d}]{\beta} {}^{233}\mathrm{U}$$

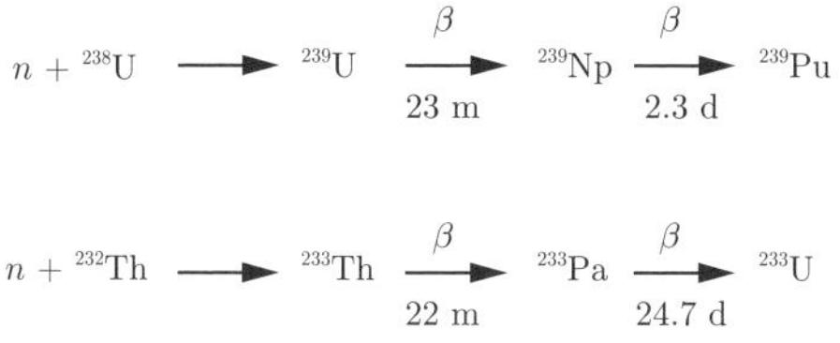

図 **3.3**　核分裂性物質の親物質からの生成

からの生成を転換とよぶ.

　原子炉の炉心では，核分裂性物質が消費されると同時に転換によって新たな核分裂性物質が生成する．この場合，**転換比** C が次のように定義される.

$$C = \frac{\text{生成される核分裂性物質の量 (原子数)}}{\text{消費される核分裂性物質の量 (原子数)}}$$

転換比が 1 を超えると，原子炉の運転とともに消費されるよりも多い核分裂性物質が生成する．このような場合の転換比のことを**増殖比**，増殖を目的とした原子炉を**増殖炉**とよぶ．また，増殖炉を用いて核分裂性物質の生産を行う場合，核分裂性物質の量が 2 倍になるのに要する時間を**倍増時間**とよぶ.

　親物質への中性子捕獲は，主として図 3.2 における共鳴吸収によって行われる．原子炉において核分裂連鎖反応を維持するためには，核分裂中性子のうちちょうど 1 個が次の核分裂に使われなければならない．増殖を達成するためにはこの中性子以外を 1 個以上親物質に捕獲させる必要があるので，式 (3.3) の η 値が最低でも 2 を超える必要がある．η 値は熱中性子に対してやっと 2 を超える程度であり，熱中性子炉で増殖を行うことはほとんど不可能である．一方，中性子のエネルギーが高くなるほど η 値は大きくなるので，高速炉のほうが増殖には有利である.

　親物質への中性子吸収を効率よく行わせるため，増殖炉では炉心の内外に親物質を多く含む燃料を装荷した領域を設けることが行われる．このような領域を，ブランケットとよぶ.

3.2　一群原子炉方程式

　ここでは炉心のみで構成される均質な材料でできた熱中性子炉を考え，炉心に存在する中性子は熱中性子のみとみなす．中性子の拡散方程式は，

$$D\nabla^2\phi - \Sigma_\mathrm{a}\phi + S = 0 \tag{3.6}$$

で与えられる．熱中性子のみと仮定しているが，拡散理論にもとづくこのような中性子挙動のモデルを**一群拡散理論**とよぶ.

　核分裂とそれにつづく減速による熱中性子の発生を考えると，中性子源項は，

$$S = \nu\varepsilon p\Sigma_\mathrm{f}\phi$$
$$= \nu\varepsilon p f\frac{1}{1+\alpha}\Sigma_\mathrm{a}\phi$$

$$= \eta \varepsilon p f \Sigma_{\mathrm{a}} \phi$$
$$= k_\infty \Sigma_{\mathrm{a}} \phi$$

のようになる．これを式 (3.6) に代入して，

$$D\nabla^2\phi + (k_\infty - 1)\Sigma_{\mathrm{a}}\phi = 0 \tag{3.7}$$

を得る．

$$B^2 = \frac{k_\infty - 1}{L^2}, \qquad L^2 = \frac{D}{\Sigma_{\mathrm{a}}} \tag{3.8}$$

とおくことにより，**一群原子炉方程式**が導出される．

$$\nabla^2\phi + B^2\phi = 0 \tag{3.9}$$

B^2 をバックリングとよぶ．

　原子炉方程式を解く場合の境界条件は，拡散方程式と同じである．すなわち，

(i)　中性子束は実数で非負
(ii)　中性子束は特異的な点を除いて有限で連続
(iii) 媒質間境界において中性子束と境界の法線方向の中性子流は連続
(iv) 炉心の外側外挿境界上で中性子束がゼロ (真空境界条件)

を満たさなければならない．

3.3　裸の均質炉の解析

　反射体をもたず炉心のみで構成された原子炉を裸の原子炉とよぶ．ここでは，種々の形状の裸の原子炉について，一群原子炉方程式の解と臨界条件を示す．

3.3.1　無限大平板炉

　両側に外挿距離 d を含む厚さが $H' (= H + 2d)$ の無限大平板形状の原子炉を考える．平板の中央面からこれと垂直に x 軸をとると，原子炉方程式は以下のようになる．

$$\frac{d^2\phi}{dx^2} + B^2\phi = 0 \tag{3.10}$$

この方程式の一般解は，

$$\phi(x) = A_1 \sin Bx + A_2 \cos Bx \tag{3.11}$$

である. $x = 0$ に関して対称であることから $\phi(x)$ は偶関数でなければならず, $A_1 = 0$ となる. また, 外挿表面上での真空境界条件から,

$$\phi\left(\pm\frac{H'}{2}\right) = A_2 \cos\frac{BH'}{2} = 0 \tag{3.12}$$

である. これを満足する B は以下に示すような離散的な値をとる.

$$B_n = \frac{n\pi}{H'} \qquad (n \text{ は奇数})$$

B_n^2 は式 (3.10) の固有値, $\cos B_n x$ は固有関数である.

定常状態では最小固有値 B_1^2 に対する中性子束だけが残るので,

$$B_1 = \frac{\pi}{H'} \tag{3.13}$$

となり, 中性子束分布は,

$$\phi(x) = \phi_0 \cos\frac{\pi}{H'}x \tag{3.14}$$

となる. ただし, ϕ_0 は炉心中央における中性子束である. 最小固有値に対する中性子束分布関数を基本モードとよぶ.

3.3.2 球 形 炉

外挿距離 d を含む半径が $R' (= R + d)$ の球形状の原子炉の場合, 炉心中央を原点とする 1 次元極座標をとると原子炉方程式は,

$$\frac{1}{r^2}\frac{d}{dr}\left(r^2\frac{d\phi}{dr}\right) + B^2\phi = 0 \tag{3.15}$$

で与えられる. $w = r\phi$ とおくと式 (3.10) と同形の方程式が得られるので, 一般解は,

$$\phi(r) = A_1\frac{\sin Br}{r} + A_2\frac{\cos Br}{r} \tag{3.16}$$

となる. $r = 0$ で中性子束が有限でなければならないことから $A_2 = 0$, さらに外挿表面上での真空境界条件 $\phi(R') = 0$ から, 最小固有値に対する B が,

$$B_1 = \frac{\pi}{R'} \tag{3.17}$$

となり, 中性子束分布は次の関数で与えられる.

$$\phi(r) = \phi_0\frac{R'}{\pi r}\sin\frac{\pi r}{R'} \tag{3.18}$$

3.3.3　無 限 長 円 筒 炉

外挿距離 d を含む半径が $R'\ (= R + d)$ の無限長円筒形状の原子炉の場合，円筒の軸を原点とする 1 次元円柱座標をとると原子炉方程式は次式となる．

$$\frac{1}{r}\frac{d}{dr}\left(r\frac{d\phi}{dr}\right) + B^2\phi = 0 \tag{3.19}$$

この方程式の一般解は，零次の **Bessel** (ベッセル) 関数[*1]によって以下のように記述される．

$$\phi(r) = A_1 J_0(Br) + A_2 Y_0(Br) \tag{3.20}$$

$r = 0$ で中性子束が有限でなければならないことから $A_2 = 0$，さらに外挿表面上での真空境界条件 $\phi(R') = 0$ から，最小固有値に対する B が，

$$B_1 = \frac{a_1}{R'} \tag{3.21}$$

となる．a_1 は関数 $J_0(x)$ の最小の零点で，$a_1 = 2.405\cdots$ である．これより，中性子束分布は次の関数で与えられる．

$$\phi(r) = \phi_0 J_0\left(\frac{2.405}{R'}r\right) \tag{3.22}$$

図 3.4 に平板，円筒，球の各形状に対する裸の原子炉の基本モードを示す．ただし，この図において横軸は外挿表面までの距離で，縦軸は炉心中央での振幅で規格化してある．

3.3.4　直 方 体 炉

両側に外挿距離 d を含む 3 辺の寸法が W'，L'，H' である直方体の原子炉を考える．炉心中央から各辺の方向に 3 次元直交座標をとると，原子炉方程式は以下の式となる．

$$\frac{\partial^2\phi}{\partial x^2} + \frac{\partial^2\phi}{\partial y^2} + \frac{\partial^2\phi}{\partial z^2} + B^2\phi = 0 \tag{3.23}$$

次のような解を仮定して変数分離を試みる．

$$\phi(x, y, z) = X(x)Y(y)Z(z)$$

[*1]　付録 "Bessel 関数" 参照．また，工学教程数学系『複素関数論 II』8.3 節も参照されたい．

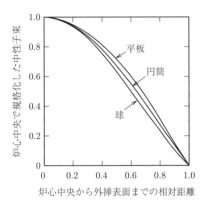

図 **3.4**　裸の原子炉に対する基本モード

これを式 (3.23) に代入して両辺を XYZ で割ると,

$$\frac{1}{X}\frac{d^2X}{dx^2} + \frac{1}{Y}\frac{d^2Y}{dy^2} + \frac{1}{Z}\frac{d^2Z}{dz^2} + B^2 = 0 \tag{3.24}$$

を得る.上式左辺の第 1 項は x のみの関数,第 2 項は y のみの関数,第 3 項は z のみの関数,第 4 項は定数であるから,この式が成り立つためには結局 4 項とも定数でなければならない.そこで,

$$\frac{1}{X}\frac{d^2X}{dx^2} = -\alpha^2, \qquad \frac{1}{Y}\frac{d^2Y}{dy^2} = -\beta^2, \qquad \frac{1}{Z}\frac{d^2Z}{dz^2} = -\gamma^2 \tag{3.25}$$

$$B^2 = \alpha^2 + \beta^2 + \gamma^2 \tag{3.26}$$

とおく.原点での対称性を考えると X, Y, Z は何れも偶関数なので,各々の解が,

$$X(x) = A_1\cos\alpha x, \qquad Y(y) = A_2\cos\beta y, \qquad Z(z) = A_3\cos\gamma z \tag{3.27}$$

と求められる.さらに,外挿表面上での真空境界条件

$$X\left(\pm\frac{W'}{2}\right) = 0, \qquad Y\left(\pm\frac{L'}{2}\right) = 0, \qquad Z\left(\pm\frac{H'}{2}\right) = 0 \tag{3.28}$$

を満たすために,最小固有値は以下の値をとらなければならない.

$$\alpha_1 = \frac{\pi}{W'}, \qquad \beta_1 = \frac{\pi}{L'}, \qquad \gamma_1 = \frac{\pi}{H'} \tag{3.29}$$

$$B_1^2 = \left(\frac{\pi}{W'}\right)^2 + \left(\frac{\pi}{L'}\right)^2 + \left(\frac{\pi}{H'}\right)^2 \tag{3.30}$$

中性子束分布は以下の式で与えられる.

$$\phi(x, y, z) = \phi_0 \cos\left(\frac{\pi}{W'}x\right) \cos\left(\frac{\pi}{L'}y\right) \cos\left(\frac{\pi}{H'}z\right) \tag{3.31}$$

3.3.5　有限長円筒炉

外挿距離を含む半径が R', 高さが H' である有限長円筒形状の原子炉を考える. 炉心の中央を原点とする 2 次元円柱座標を考えると, 原子炉方程式は,

$$\frac{1}{r}\frac{\partial}{\partial r}\left(r\frac{\partial \phi}{\partial r}\right) + \frac{\partial^2 \phi}{\partial z^2} + B^2 \phi = 0 \tag{3.32}$$

となる.

$$\phi(r, z) = X(r)Z(z)$$

の形の解を仮定して変数分離する.

$$\frac{1}{X}\frac{1}{r}\frac{d}{dr}\left(r\frac{dX}{dr}\right) = -\alpha^2, \qquad \frac{1}{Z}\frac{d^2 Z}{dz^2} = -\beta^2 \tag{3.33}$$

$$B^2 = \alpha^2 + \beta^2 \tag{3.34}$$

$X(r)$ が原点で有限であること, $Z(z)$ が原点で対称であることから次のような解を得る.

$$X(r) = A_1 J_0(\alpha r), \qquad Z(z) = A_2 \cos \beta z \tag{3.35}$$

さらに, 外挿表面上での真空境界条件

$$X(R') = 0, \qquad Z\left(\pm\frac{H'}{2}\right) = 0 \tag{3.36}$$

を満たすために, 最小固有値は以下の値をとらなければならない.

$$\alpha_1 = \frac{2.405}{R'}, \qquad \beta_1 = \frac{\pi}{H'} \tag{3.37}$$

$$B_1^2 = \left(\frac{2.405}{R'}\right)^2 + \left(\frac{\pi}{H'}\right)^2 \tag{3.38}$$

中性子束分布は以下の式で与えられる.

$$\phi(r, z) = \phi_0 J_0\left(\frac{2.405}{R'}r\right) \cos\left(\frac{\pi}{H'}z\right) \tag{3.39}$$

3.4 臨 界 計 算

境界条件を満たし，$\phi = 0$ でない原子炉方程式の解を与える最小固有値 B_1^2 は原子炉の形状寸法によって決まるので，**幾何学的バックリング**とよばれ，B_g^2 と表記される．一方，式 (3.8) で定義されたバックリングは原子炉の材料組成によって決まるので，**材料バックリング**とよばれ，B_m^2 と表記される．原子炉が臨界になってゼロでない中性子束分布が形成されるためには，両者は等しくなければならない．

$$B_m^2 = B_g^2 \tag{3.40}$$

これが一群拡散理論から導かれる裸の原子炉の臨界条件である．上式の材料バックリングを式 (3.8) で置き換えると以下の式が得られる．

$$\frac{k_\infty - 1}{L^2} = B_g^2$$

これより，

$$\frac{k_\infty}{1 + L^2 B_g^2} = 1 \tag{3.41}$$

となる．この式の左辺の無限大増倍係数 k_∞ にかかっている係数 $1/(1 + L^2 B_g^2)$ は，熱中性子が体系からもれない確率 P_t を一群拡散理論で求めた結果であると解釈できる．すると，式 (3.41) は実効増倍係数 k_{eff} が 1 に等しい場合に臨界になることを表している．

原子炉を臨界にするためには大きく分けて二つの方法がある．一つは炉心の材料組成をまず決めてから炉心の形状寸法を調整する方法で，この場合には式 (3.8) において B_m^2 を決定し，これに等しくなるように B_g^2 を調整することを意味する．逆に形状寸法をまず決めてから組成を調整する方法もあり，この場合には B_g^2 を決定してから B_m^2 を調整して等しくすることを意味する．

3.5 反射体付原子炉

反射体は，炉心からもれる中性子を炉心に戻すために炉心の周囲に設置された，核燃料を含まない減速材の層である．ここでは，一群拡散理論を用いて反射体付原子炉の臨界条件を求める．厚さ H の無限大平板形状の炉心の両側に，外挿距離 d を含む厚さ $T' (= T + d)$ の反射体が置かれているものとする (図 3.5)．

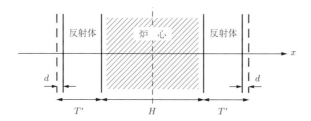

図 **3.5**　反射体付無限大平板炉

炉心部 $(0 \le |x| \le H/2)$ では次の一群原子炉方程式が成り立つ.

$$\frac{d^2\phi_{\rm c}}{dx^2} + B^2\phi_{\rm c} = 0 \tag{3.42}$$

$$B^2 = \frac{k_\infty - 1}{L_{\rm c}^2} \tag{3.43}$$

反射体部 $(H/2 \le |x| \le H/2 + T')$ では次の一群拡散方程式が成り立つ.

$$\frac{d^2\phi_{\rm r}}{dx^2} - \kappa^2\phi_{\rm r} = 0 \tag{3.44}$$

$$\kappa^2 = \frac{1}{L_{\rm r}^2} \tag{3.45}$$

ただし, 添字 c, r はそれぞれ炉心, 反射体での物理量であることを示す.

原点での対称性を考えると, 式 (3.42) の解は,

$$\phi_{\rm c}(x) = A\cos Bx \tag{3.46}$$

となる. 一方, 式 (3.44) の一般解は以下の式で与えられる.

$$\phi_{\rm r}(x) = C_1 e^{-\kappa x} + C_2 e^{\kappa x} \tag{3.47}$$

外挿表面上の真空境界条件

$$\phi_{\rm r}\left(\frac{H}{2} + T'\right) = C_1 e^{-\kappa\left(\frac{H}{2}+T'\right)} + C_2 e^{\kappa\left(\frac{H}{2}+T'\right)} = 0$$

より,

$$C_2 = -C_1 e^{-2\kappa\left(\frac{H}{2}+T'\right)}$$

$$\phi_{\rm r}(x) = C_1 e^{-\kappa\left(\frac{H}{2}+T'\right)}\left[e^{\kappa\left(\frac{H}{2}+T'-x\right)} - e^{-\kappa\left(\frac{H}{2}+T'-x\right)}\right]$$

$$\phi_{\mathrm{r}}(x) = C \sinh \kappa \left(\frac{H}{2} + T' - |x| \right) \tag{3.48}$$

となる.

次に，炉心と反射体との境界で中性子束も中性子流も連続になるという境界条件

$$\phi_{\mathrm{c}} \left(\frac{H}{2} \right) = \phi_{\mathrm{r}} \left(\frac{H}{2} \right), \qquad D_{\mathrm{c}} \frac{d\phi_{\mathrm{c}}}{dx} \bigg|_{r=\frac{H}{2}} = D_{\mathrm{r}} \frac{d\phi_{\mathrm{r}}}{dx} \bigg|_{r=\frac{H}{2}}$$

より，以下の連立方程式を得る.

$$A \cos \frac{BH}{2} = C \sinh \kappa T' \tag{3.49}$$

$$A D_{\mathrm{c}} B \sin \frac{BH}{2} = C D_{\mathrm{r}} \kappa \cosh \kappa T' \tag{3.50}$$

式 (3.50) を式 (3.49) で割って以下の式を得る.

$$D_{\mathrm{c}} B \tan \frac{BH}{2} = D_{\mathrm{r}} \kappa \coth \kappa T' \tag{3.51}$$

この式は，自明な解 $\phi_{\mathrm{c}} = \phi_{\mathrm{r}} = 0$ 以外が存在するための条件であり，この反射体付原子炉が臨界になるための条件である．この臨界条件が満足されるとき，式 (3.46), (3.48) の中性子束分布が形成される．ただし，係数 A と C の間には式 (3.49) の関係があるので独立な係数は一つだけであり，係数 A は炉心中央の中性子束 ϕ_0 で決まる.

反射体を付けると炉心からの中性子の漏洩が減少し，裸の原子炉よりも小さい炉心で臨界になる．反射体によって炉心をどれだけ小さくできるかを，**反射体節約**とよぶ.

材料バックリングが B の無限大平板炉の場合，裸の原子炉の臨界厚は式 (3.13) より π/B であるため，反射体付原子炉の臨界厚が H だった場合の反射体節約 δ は，片側あたりで，

$$\delta = \frac{1}{2} \left(\frac{\pi}{B} - H \right) \tag{3.52}$$

で与えられる．これを H について解いたものを式 (3.51) に代入して，

$$D_{\mathrm{c}} B \tan \left(\frac{\pi}{2} - B\delta \right) = D_{\mathrm{r}} \kappa \coth \kappa T'$$

$$\delta = \frac{1}{B} \tan^{-1} \left(\frac{D_{\mathrm{c}} B}{D_{\mathrm{r}} \kappa} \tanh \kappa T' \right) \tag{3.53}$$

が得られる．実際はこれからさらに外挿距離 d を差し引く必要がある.

反射体が薄く $\kappa T' \ll 1$ のときには $\tanh \kappa T' \approx \kappa T'$ なので，

$$\delta \approx \frac{D_c}{D_r} T' \tag{3.54}$$

となり，反射体節約は反射体の厚さにほぼ比例する．

一方，反射体を厚くして行った極限では，

$$\lim_{T \to \infty} \delta = \frac{1}{B} \tan^{-1} \left(\frac{D_c B}{D_r \kappa} \right) \tag{3.55}$$

となる．

球形状の炉心に反射体を付けた場合について，中性子束分布と臨界条件を求めた結果を示すと以下のとおりである．

$$\phi_c(r) = A \frac{\sin Bx}{r} \tag{3.56}$$

$$\phi_r(r) = C \frac{\sinh \kappa (R + T' - r)}{r} \tag{3.57}$$

$$\cot BR = \frac{1}{BR} \left(1 - \frac{D_r}{D_c} \right) - \frac{D_r \kappa}{D_c B} \cos \kappa T' \tag{3.58}$$

同じく無限長円筒形状の炉心に反射体を付けた場合については以下のとおりである．

$$\phi_c(r) = A J_0(Br) \tag{3.59}$$

$$\phi_r(r) = C\{K_0(\kappa r) I_0[\kappa(R + T')] - I_0(\kappa r) K_0[\kappa(R + T')]\} \tag{3.60}$$

$$\frac{D_c B}{D_r \kappa} \frac{J_1(BR)}{J_0(BR)} = \frac{K_1(\kappa R) I_0[\kappa(R + T')] + I_1(\kappa R) K_0[\kappa(R + T')]}{K_0(\kappa R) I_0[\kappa(R + T')] - I_0(\kappa R) K_0[\kappa(R + T')]} \tag{3.61}$$

複数方向に反射体が付いた原子炉の一群拡散方程式は変数分離が不可能なので，臨界条件を解析的に求めることができない．そのような場合には，1 方向のみに反射体が付いた原子炉の解を交互に求めて近似的に解く以外にない．

4 多群拡散理論

3章では原子炉内の中性子はすべて熱中性子であると仮定したが，中性子のエネルギーは非常に広い範囲に及ぶので，それでは高精度の解析を行うことは難しい．本章では，中性子エネルギーを有限個の群に分割し，群ごとに拡散方程式を立てて解析する**多群拡散理論**について解説する．

4.1 二群拡散理論

ここでは，多群拡散理論の基本である**二群拡散理論**について述べる．

熱中性子炉に二群拡散理論を適用する場合，熱中性子が属す熱群と，熱中性子になる前の中性子が属す高速群に分けて考える．高速群を第1群，熱群を第2群とし，1，2の添字でそれぞれの群を表すことにする．各群の中性子束が，

$$\phi_1(\mathbf{r}) = \int_{E_c}^{\infty} \phi(\mathbf{r}, E)dE, \qquad \phi_2(\mathbf{r}) = \int_0^{E_c} \phi(\mathbf{r}, E)dE \tag{4.1}$$

で定義される．E_c は群の境界となるエネルギーであり，漸近スペクトルから Maxwell 分布への遷移点周辺に選ばれる．各群に対する拡散方程式は以下のようになる．

$$\begin{aligned}
D_1\nabla^2\phi_1 - \Sigma_1\phi_1 + S_1 = 0 \\
D_2\nabla^2\phi_2 - \Sigma_2\phi_2 + S_2 = 0
\end{aligned} \tag{4.2}$$

D_1，D_2 は各群の拡散係数，S_1，S_2 は各群の中性子源項，Σ_2 は第2群の吸収断面積である．Σ_1 は第1群の**除去断面積**あるいは**群遷移断面積**とよばれるもので，$\Sigma_1\phi_1$ は毎秒，単位体積あたりに減速されて第1群から消失する中性子数を表す．

核分裂はすべて熱中性子によって起こされ，核分裂中性子はすべて高速群で発生するものとする．すると，四因子公式の因子を用いて，炉心においては中性子源項が以下の式で与えられる．

$$\begin{aligned}
S_1 = \eta\varepsilon f\Sigma_2\phi_2 = \frac{k_\infty}{p}\Sigma_2\phi_2 \\
S_2 = p\Sigma_1\phi_1
\end{aligned} \tag{4.3}$$

これを式 (4.2) に代入すると，炉心に対する二群拡散方程式が導かれる．

$$D_1 \nabla^2 \phi_1 - \Sigma_1 \phi_1 + \frac{k_\infty}{p} \Sigma_2 \phi_2 = 0$$
$$D_2 \nabla^2 \phi_2 - \Sigma_2 \phi_2 + p\Sigma_1 \phi_1 = 0 \tag{4.4}$$

4.1.1 裸 の 原 子 炉

まず，裸の原子炉を考える．B^2 を形状バックリングとし，境界条件を満たす二群原子炉方程式の解として次の方程式を満たすものを求める．

$$\nabla^2 \phi_1 + B^2 \phi_1 = 0$$
$$\nabla^2 \phi_2 + B^2 \phi_2 = 0 \tag{4.5}$$

上式を用いて式 (4.4) のラプラシアン部分を置換し，行列表記する．

$$\begin{bmatrix} -(D_1 B^2 + \Sigma_1) & \frac{k_\infty}{p} \Sigma_2 \\ p\Sigma_1 & -(D_2 B^2 + \Sigma_2) \end{bmatrix} \begin{bmatrix} \phi_1 \\ \phi_2 \end{bmatrix} = \begin{bmatrix} 0 \\ 0 \end{bmatrix} \tag{4.6}$$

この方程式が自明な解 ($\phi_1 = \phi_2 = 0$) 以外をもつためには，係数行列の行列式がゼロでなければならないから，

$$(D_1 B^2 + \Sigma_1)(D_2 B^2 + \Sigma_2) - k_\infty \Sigma_1 \Sigma_2 = 0$$

となる．これを整理すると，

$$k_{\text{eff}} = \frac{k_\infty}{(1 + L_1^2 B^2)(1 + L_2^2 B^2)} = 1 \tag{4.7}$$

の関係が得られる．ただし，

$$L_1^2 = \frac{D_1}{\Sigma_1}, \qquad L_2^2 = \frac{D_2}{\Sigma_2} \tag{4.8}$$

である．

式 (4.7) は二群拡散理論による裸の原子炉の臨界条件である．これを式 (3.41) と比較すると，$1/(1+L_1^2 B^2)$ は高速中性子が体系からもれない確率 P_{f} を，$1/(1+L_2^2 B^2)$ は熱中性子が体系からもれない確率 P_{t} を表しており，実効増倍係数 k_{eff} を二群拡散理論にもとづいて求めた結果と解釈することができる．

式 (4.7) は B^2 についての 2 次方程式になっている．

$$L_1^2 L_2^2 B^4 + (L_1^2 + L_2^2)B^2 - (k_\infty - 1) = 0$$

この原子炉が臨界になるためには $k_\infty > 1$ でなければならないので，この方程式は正と負の 2 実根をもつことがわかる．そこで，正の根を $\mu^2\ (> 0)$，負の根を $-\nu^2\ (< 0)$ と表すと，式 (4.5) の一般解は次のように表される．

$$\phi_1 = A_1 X + A_2 Y$$
$$\phi_2 = C_1 A_1 X + C_2 A_2 Y \tag{4.9}$$

ただし，X は $B^2 = \mu^2$ に対する，Y は $B^2 = -\nu^2$ に対する原子炉方程式

$$\nabla^2 X + \mu^2 X = 0$$
$$\nabla^2 Y - \nu^2 Y = 0$$

の解である．代表的な形状に対する X，Y の関数形を表 4.1 に示す．A_1，A_2 は境界条件を満足するように決める定数で，C_1，C_2 は次式で与えられる結合係数である．

$$C_1 = \frac{\Sigma_1}{\Sigma_2}\frac{p}{1 + \mu^2 L_2^2}, \qquad C_2 = \frac{\Sigma_1}{\Sigma_2}\frac{p}{1 - \nu^2 L_2^2} \tag{4.10}$$

表 4.1　二群拡散理論による炉心の中性子束分布

形　状	X	Y
平　板	$\cos \mu x$	$\cosh \nu x$
円　筒	$J_0(\mu r)$	$I_0(\nu r)$
球	$\dfrac{\sin \mu r}{r}$	$\dfrac{\sinh \nu r}{r}$

4.1.2　反射体付原子炉

次に，反射体付原子炉の解析に二群拡散理論を適用する．反射体では核分裂による中性子発生も核燃料への共鳴吸収もないので，二群拡散方程式は次式で与えられる．

$$D_{1\mathrm{r}}\nabla^2 \phi_1 - \Sigma_{1\mathrm{r}}\phi_1 = 0$$
$$D_{2\mathrm{r}}\nabla^2 \phi_2 - \Sigma_{2\mathrm{r}}\phi_2 + \Sigma_{1\mathrm{r}}\phi_1 = 0 \tag{4.11}$$

添字 r で反射体を表す.

$$L_{1r}^2 = \frac{1}{\kappa_{1r}^2} = \frac{D_1}{\Sigma_1}, \qquad L_{2r}^2 = \frac{1}{\kappa_{2r}^2} = \frac{D_2}{\Sigma_2} \tag{4.12}$$

と定義すると，式 (4.11) の一般解が以下の形に記述できる.

$$\begin{aligned} \phi_1 &= F_1 Z_1 \\ \phi_2 &= C_3 F_1 Z_1 + F_2 Z_2 \end{aligned} \tag{4.13}$$

片側外挿距離を含む反射体の厚さが T' の場合と無限の場合に関して，境界条件を満足するような Z_1, Z_2 の関数形を，代表的な形状に対して示したのが表 4.2 である.

表 4.2　二群拡散理論による反射体の中性子束分布

反射体厚さ	T'	∞
平　板	$\sinh \kappa_{ir}\left(\dfrac{H}{2} + T' - \|x\|\right)$	$e^{-\kappa_{ir}\|x\|}$
円　筒	$I_0(\kappa_{ir}r)K_0[\kappa_{ir}(R+T')] - I_0[\kappa_{ir}(R+T')]K_0(\kappa_{ir}r)$	$K_0(\kappa_{ir}r)$
球	$\dfrac{\sinh\kappa_{ir}(R+T'-r)}{r}$	$\dfrac{e^{-\kappa_{ir}r}}{r}$

F_1, F_2 は炉心との境界条件を満足するように決める定数で，C_3 は次式で与えられる結合係数である.

$$C_3 = \frac{D_{1r}}{\Sigma_{2r}} \frac{1}{L_{1r}^2 - L_{2r}^2} \tag{4.14}$$

　二群拡散理論により求めた反射体付原子炉の中性子束分布の概略を図 4.1 に示す. 高速中性子は核燃料が装荷されている炉心で発生したのち，炉心でも反射体でも減速により消滅するとともに拡散によって体系外に漏洩する. したがって，高速中性子束は炉心中央が最も高く，周辺にいくに従って単調に低下する. 熱中性子も炉心において減速により発生するが同時に核燃料への吸収も多く，拡散により炉心外に漏洩する. したがって，熱中性子束も炉心中央が最も高く，炉心周辺で低下する. しかし，反射体では熱中性子の吸収に比べて減速による発生が多くなるので，熱中性子束は炉心から反射体に少し入ったところで高くなり，小さなピークを形成する. この内側では反射体から炉心に向かう熱中性子の流れが生じ

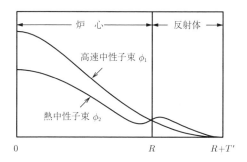

図 4.1　反射体付原子炉の中性子束分布の概略

ており，炉心から漏洩した中性子の一部を炉心に押し戻す反射体の効果が現れる．一群拡散理論ではこのような熱中性子束の挙動を捉えることができず，この結果は二群拡散理論を用いた効果を示している．

4.2　修正一群拡散理論

二群拡散理論による臨界条件を示す式 (4.7) において $L_1^2 B^2 \ll 1$，$L_2^2 B^2 \ll 1$ ならば，

$$k_{\mathrm{eff}} \approx \frac{k_\infty}{1 + (L_1^2 + L_2^2)B^2} = \frac{k_\infty}{1 + M^2 B^2} = 1 \tag{4.15}$$

$$M^2 = L_1^2 + L_2^2 \tag{4.16}$$

と近似できる．M^2 を**移動面積**とよぶ．

式 (1.35) に示されるように，一群拡散理論における拡散距離の 2 乗は熱中性子が発生してから吸収されるまでに移動する距離の 2 乗平均の 1/6 であるが，二群拡散理論でこれは L_2^2 に該当する．高速群に対する L_1^2 も同様に考えることができるが，高速中性子が吸収されるのではなく減速されて熱中性子になり，高速群から消滅するまでに移動する距離の 2 乗平均の 1/6 となる．2 乗平均距離には加法性があるため，式 (4.16) で与えられる移動面積は，中性子が高速群で発生してから減速され，熱中性子になってから原子炉のどこかで吸収されるまでに移動する距離の 2 乗平均の 1/6 に等しい．

式 (4.15) の臨界条件式は，熱中性子に対する拡散距離の 2 乗を移動面積に置き

換えただけで一群拡散理論による臨界条件式と同形である．すなわち，一群拡散理論に高速中性子の減速過程を考慮に入れた補正を加えた式と解釈してよい．そこで式 (4.15) を**修正一群理論**による臨界条件式とよぶ．

4.3 多群拡散理論

より精度の高い解析を行うためには，中性子束のエネルギー依存性を二群拡散理論よりも細かく考慮しなければならない．そこで，用いられるのが**多群拡散理論**である．

まず，エネルギー依存の拡散方程式を考える．

$$D(E)\nabla^2\phi(\mathbf{r}, E) - \Sigma_\mathrm{a}(E)\phi(\mathbf{r}, E) - \int \Sigma_\mathrm{s}(E \to E')\phi(\mathbf{r}, E)dE'$$
$$+ \int \Sigma_\mathrm{s}(E' \to E)\phi(\mathbf{r}, E')dE' + \chi(E)\int \nu(E')\Sigma_\mathrm{f}(E')\phi(\mathbf{r}, E')dE' = 0$$

$$(4.17)$$

ここで，$D(E)$, $\Sigma_\mathrm{a}(E)$, $\Sigma_\mathrm{f}(E)$, $\nu(E)$ はそれぞれエネルギー依存の拡散係数，吸収断面積，核分裂断面積，核分裂中性子平均放出数であり，$\chi(E)$ は核分裂中性子スペクトル，$\Sigma_\mathrm{s}(E \to E')$ は中性子エネルギーが E から E' に変化するような散乱の断面積である．式 (4.17) 左辺の第 1 項は体系からのもれ，第 2 項は吸収，第 3 項は減速による消失，第 4 項は減速による発生，第 5 項は核分裂による発生を表している．

エネルギーを高いほうから $n+1$ 個の境界値 $\{E_1, E_2, \cdots, E_{n+1}\}$ で n 群に分割する．この分割法を**群構造**とよぶ．通常は群番号が小さいほど高エネルギーであり，第 n 群を熱群とする．次に，第 g 群の群中性子束を次式で定義する．

$$\phi_g(\mathbf{r}) = \int_{E_{g+1}}^{E_g} \phi(\mathbf{r}, E)dE \qquad (4.18)$$

各群内では中性子束のエネルギー依存性と空間依存性が分離可能であると仮定する．

$$\phi(\mathbf{r}, E) \approx \phi_g(\mathbf{r})\psi(E) \qquad (E_{g+1} < E < E_g)$$

この仮定のもとに，以下の一連の**群定数**を定義する．

$$D_g = \frac{\int_{E_{g+1}}^{E_g} D(E)\nabla^2\phi(\mathbf{r},E)dE}{\int_{E_{g+1}}^{E_g} \nabla^2\phi(\mathbf{r},E)dE} = \frac{\int_{E_{g+1}}^{E_g} D(E)\psi(E)dE}{\int_{E_{g+1}}^{E_g} \psi(E)dE} \tag{4.19}$$

$$\Sigma_{\mathrm{a}g} = \frac{\int_{E_{g+1}}^{E_g} \Sigma_{\mathrm{a}g}(E)\phi(\mathbf{r},E)dE}{\int_{E_{g+1}}^{E_g} \phi(\mathbf{r},E)dE} = \frac{\int_{E_{g+1}}^{E_g} \Sigma_{\mathrm{a}g}(E)\psi(E)dE}{\int_{E_{g+1}}^{E_g} \psi(E)dE} \tag{4.20}$$

$$\Sigma_{h \to g} = \frac{\int_{E_{g+1}}^{E_g} \int_{E_{h+1}}^{E_h} \Sigma_{\mathrm{s}}(E' \to E)\phi(\mathbf{r},E')dE'dE}{\int_{E_{g+1}}^{E_g} \phi(\mathbf{r},E)dE}$$

$$= \frac{\int_{E_{g+1}}^{E_g} \int_{E_{h+1}}^{E_h} \Sigma_{\mathrm{s}}(E' \to E)\psi(E')dE'dE}{\int_{E_{g+1}}^{E_g} \psi(E)dE} \tag{4.21}$$

$$\chi_g = \int_{E_{g+1}}^{E_g} \chi(E)dE \tag{4.22}$$

$$\nu\Sigma_{\mathrm{f}g} = \frac{\int_{E_{g+1}}^{E_g} \nu_g(E)\Sigma_{\mathrm{f}g}(E)\phi(\mathbf{r},E)dE}{\int_{E_{g+1}}^{E_g} \phi(\mathbf{r},E)dE}$$

$$= \frac{\int_{E_{g+1}}^{E_g} \nu_g(E)\Sigma_{\mathrm{f}g}(E)\psi(E)dE}{\int_{E_{g+1}}^{E_g} \psi(E)dE} \tag{4.23}$$

$$\Sigma_g = \Sigma_{\mathrm{a}g} + \sum_{h \neq g} \Sigma_{g \to h} \tag{4.24}$$

群定数を求めるための加重スペクトル $\psi(E)$ には，無限大媒質で求めたスペクトルなどが用いられる．

式 (4.17) を第 g 群のエネルギー範囲で積分し，群定数の定義をあてはめることにより，次の多群拡散方程式が求められる．

$$D_g\nabla^2\phi_g(\mathbf{r}) - \Sigma_g\phi_g(\mathbf{r}) + \sum_{h \neq g} \Sigma_{h \to g}\phi_h(\mathbf{r}) + \chi_g \sum_h \nu\Sigma_{\mathrm{f}h}\phi_h(\mathbf{r}) = 0$$

散乱によってエネルギーの低い群から高い群に中性子が移ることはないので，散乱断面積 $\Sigma_{h \to g}$ は下半三角行列となり，実際の多群拡散方程式は以下のようになる．

$$D_g\nabla^2\phi_g(\mathbf{r}) - \Sigma_g\phi_g(\mathbf{r}) + \sum_{h < g} \Sigma_{h \to g}\phi_h(\mathbf{r}) + \chi_g \sum_h \nu\Sigma_{\mathrm{f}h}\phi_h(\mathbf{r}) = 0 \tag{4.25}$$

裸の原子炉においてすべての群の外挿距離が等しい場合，すべての群中性子束は共通の幾何学的バックリング B^2 をもつことから，

$$\nabla^2\phi_g + B^2\phi_g = 0 \tag{4.26}$$

となり，これを式 (4.25) に代入して次式を得る.

$$-D_g B^2 \phi_g(\mathbf{r}) - \Sigma_g \phi_g(\mathbf{r}) + \sum_{h<g} \Sigma_{h \to g} \phi_h(\mathbf{r}) + \chi_g \sum_h \nu \Sigma_{\mathrm{f}h} \phi_h(\mathbf{r}) = 0 \quad (4.27)$$

これは $\phi_g(\mathbf{r})$ に関する線形方程式である．その係数行列を $\mathbf{A}(B^2)$ とすると，自明な解 ($\phi(\mathbf{r}) = \mathbf{0}$) 以外の解をもつための条件は，

$$|\mathbf{A}(B^2)| = 0 \quad (4.28)$$

であり，これが多群拡散理論から導かれる臨界条件式になる.

4.4 多群拡散方程式の数値解法

反射体が付いていたり組成の異なる複数の領域で炉心が構成されていたりする場合，多群拡散方程式を解析的に解くことはできないので，多群拡散理論による原子炉解析はコンピュータを用いた数値計算によって行われる．ところが，式 (4.25) は臨界条件を満足しないと自明な解以外の解をもたないので，数値計算では臨界でない体系についても実効増倍係数と中性子束分布が求められるような工夫が必要である．その方法について述べる.

臨界でない体系を仮想的に臨界にするため，式 (4.25) で核分裂中性子源項を $1/k$ 倍する.

$$D_g \nabla^2 \phi_g(\mathbf{r}) - \Sigma_g \phi_g(\mathbf{r}) + \sum_{h<g} \Sigma_{h \to g} \phi_h(\mathbf{r}) + \frac{\chi_g}{k} \sum_h \nu \Sigma_{\mathrm{f}h} \phi_h(\mathbf{r}) = 0 \quad (4.29)$$

境界条件を満足する上式の自明でない解 $\phi(\mathbf{r})$ とそれに対する k が存在するならば，その k 値がこの体系の実効増倍係数 k_{eff} にほかならない．ここで，式 (4.29) の核分裂中性子源項

$$S(\mathbf{r}) = \sum_h \nu \Sigma_{\mathrm{f}h} \phi_h(\mathbf{r}) \quad (4.30)$$

と k 値がすでに求められていると仮定する．第 1 群に対する拡散方程式には散乱項がないので，

$$D_1 \nabla^2 \phi_1(\mathbf{r}) - \Sigma_1 \phi_1(\mathbf{r}) + \frac{\chi_1}{k} S(\mathbf{r}) = 0 \quad (4.31)$$

となり，ϕ_1 だけの方程式なので数値的に解くことができる．求められた ϕ_1 を使うと，第 2 群の拡散方程式

$$D_2 \nabla^2 \phi_2(\mathbf{r}) - \Sigma_2 \phi_2(\mathbf{r}) + \Sigma_{1 \to 2} \phi_1(\mathbf{r}) + \frac{\chi_2}{k} S(\mathbf{r}) = 0 \qquad (4.32)$$

は ϕ_2 だけの方程式になるので，数値的に解くことができる．これを第 n 群まで繰り返すと全群の中性子束が求められる．求められた群中性子束を用いて式 (4.30) を再計算すると，最初の $S(\mathbf{r})$ に一致するはずである．

事前に正しい $S(\mathbf{r})$ や k 値はわからないが，両者は群中性子束とともに以下の反復アルゴリズムで求めることができる．

(i) 初期値として適当な k_0, $S_0(\mathbf{r})$ を仮定し，$l = 1$ とする．

(ii) $g = 1 \sim n$ について式 (4.29) を順次解き，$\phi_g^l(\mathbf{r})$ を求める．

(iii) 式 (4.30) より $S_l(\mathbf{r})$ を求め，$k_l = k_{l-1} \int S_l(\mathbf{r}) d\mathbf{r} / \int S_{l-1}(\mathbf{r}) d\mathbf{r}$ とする．

(iv) $\phi_g^l(\mathbf{r})$, $S_l(\mathbf{r})$, k_l が十分収束したら終了する．

(v) $l = l + 1$ として (ii) から繰り返す．

初期値には $k_0 = 1$, $S_0(\mathbf{r})$ は一様分布などがよく用いられる．なお，各群の拡散方程式を数値的に解くには，有限差分法や有限要素法などが用いられる．

5 非均質炉の解析

　これまで，燃料や減速材が均一に混じり合った媒質で炉心が構成されている**均質炉**を仮定して議論してきた．しかし，実際のほとんどの原子炉の炉心は，燃料を**被覆材**とよばれる薄肉の金属製容器に封入して棒状あるいは板状の燃料要素とし，これを多数，減速材の中に規則的に配列したような構造をしている．ここでは，このような**非均質炉**の核特性について検討する．

5.1　非均質効果の定性的議論

　燃料要素と減速材が規則的に配列した炉心における中性子束分布は，炉心全体で緩やかに変化する成分と，燃料要素の規則的配列に従って周期的に変化する成分との重ね合わせで考えることができる．非均質炉特有の後者の影響を解析するために，燃料要素と減速材を格子状に無限に配列した体系を考える．このような体系を**燃料格子**とよぶ．2 次元での代表的な燃料格子には，図 5.1 に示す正方格子と六角格子がある．燃料格子の基本要素である単位セルを考えると，燃料格子は単位セルが無限に広がった体系であるから，幾何学的対称性から単位セルの外側境界での中性子の正味の流れはない．単位セル中での中性子束分布を近似的に求める場合，図 5.1 に示すように減速材領域の断面積を保存しながら 1 次元円柱

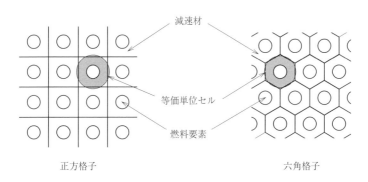

図 **5.1**　燃料格子

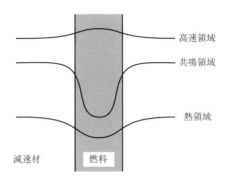

高速領域

共鳴領域

熱領域

減速材　　　燃料

図 **5.2**　燃料格子中での中性子束分布

体系に変形して得られる等価単位セルで考える．

　次に，同じ組成の均質炉と比較した場合の非均質炉の臨界性を，四因子公式

$$k_\infty = \eta \varepsilon p f$$

にもとづいて定性的に考えてみよう．

　まず，η 値は核分裂性物質の核データで決まるパラメータなので，非均質化の影響をほとんど受けない．厳密には熱中性子スペクトルが変化することによる影響を受けるが，ほかの因子に対する影響に比べれば無視できる程度である．

　次に，高速核分裂補正因子 ε に対する影響を考える．核分裂中性子は燃料中で発生するので，非均質化すると減速材領域で減速に入る前に高速中性子が燃料と衝突して核分裂を起こす確率が上昇する．したがって，高速核分裂補正因子 ε は非均質化によりわずかに上昇する．図 5.2 に示すように，燃料領域の高速中性子束は減速材領域よりも若干高い．

　減速途中の中性子は核燃料によって激しく共鳴吸収されるため，共鳴領域にある中性子は燃料領域の表面で吸収されてしまい燃料内部には入り込めない．したがって，図 5.2 に示すように共鳴領域の中性子束は燃料領域で激しく低下し，均質炉と比較して燃料に共鳴吸収される中性子が大幅に減る．このような現象も自己遮蔽効果とよぶ．逆に，共鳴吸収されないまま減速材領域で熱中性子にまで減速される確率は上昇する．これより，非均質化によって共鳴吸収を逃れる確率 p は大幅に増加する．

　共鳴領域ほどではないが，熱領域においても燃料は強い中性子吸収体なので，

図 5.2 に示すように燃料領域で熱中性子束が低下する．このため，自己遮蔽効果によって燃料に吸収される熱中性子の割合が減り，熱中性子利用率 f は非均質化によって低下する．

以上を総合すると，核燃料が強い共鳴吸収核種である ^{238}U を大量に含んでいる場合，非均質化による p の増加が f の減少を上回り，無限大増倍係数 k_∞ としては増加するので，非均質炉は均質炉よりも臨界にしやすい．たとえば，天然ウランと黒鉛から成る体系では，均質炉では臨界にすることはできないが，非均質炉では臨界にすることができる．

5.2 熱中性子利用率

燃料，減速材，被覆材で構成される単位セルを想定する．熱中性子利用率 f は定義より以下の式で求められる．

$$
\begin{aligned}
f &= \frac{\text{燃料に吸収される熱中性子数}}{\text{単位セル全体で吸収される熱中性子数}} \\
&= \frac{\Sigma_\mathrm{a}^\mathrm{f} V_\mathrm{f} \bar{\phi}_\mathrm{f}}{\Sigma_\mathrm{a}^\mathrm{f} V_\mathrm{f} \bar{\phi}_\mathrm{f} + \Sigma_\mathrm{a}^\mathrm{m} V_\mathrm{m} \bar{\phi}_\mathrm{m} + \Sigma_\mathrm{a}^\mathrm{c} V_\mathrm{c} \bar{\phi}_\mathrm{c}} \\
&= \frac{\Sigma_\mathrm{a}^\mathrm{f}}{\Sigma_\mathrm{a}^\mathrm{f} + \Sigma_\mathrm{a}^\mathrm{m} (V_\mathrm{m}/V_\mathrm{f}) \zeta_\mathrm{m} + \Sigma_\mathrm{a}^\mathrm{c} (V_\mathrm{c}/V_\mathrm{f}) \zeta_\mathrm{c}}
\end{aligned} \tag{5.1}
$$

Σ_a^i は領域 i の吸収断面積，V_i は領域 i の単位セルに占める体積，$\bar{\phi}_i$ は領域 i の平均熱中性子束で，添字 f, m, c はそれぞれ燃料，減速材，被覆材を表す．また，

$$
\zeta_\mathrm{m} = \frac{\bar{\phi}_\mathrm{m}}{\bar{\phi}_\mathrm{f}}, \qquad \zeta_\mathrm{c} = \frac{\bar{\phi}_\mathrm{c}}{\bar{\phi}_\mathrm{f}}
$$

はそれぞれ減速材領域，被覆材領域に対する燃料領域の平均熱中性子束の低下の程度を示す量で，**熱中性子損失因子**とよばれる．均質炉に対しては，

$$
\frac{V_\mathrm{m}}{V_\mathrm{f}} = \frac{V_\mathrm{c}}{V_\mathrm{f}} = \zeta_\mathrm{m} = \zeta_\mathrm{c} = 1
$$

である．

単位セル中の中性子束分布を正確に求めるには輸送理論にもとづく解析が必要であるが，ここでは一群拡散理論が成立すると仮定して熱中性子利用率を求めてみよう．まず，被覆材の影響は無視できると仮定し，さらに熱中性子は減速材中でのみ一様に発生するものとする．

燃料領域，減速材領域に対する拡散方程式が以下のように与えられる．

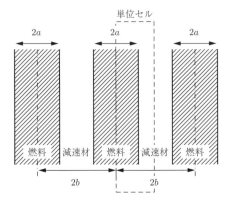

図 5.3   1 次元平板格子

$$D_{\mathrm{f}} \nabla^2 \phi - \Sigma_{\mathrm{a}}^{\mathrm{f}} \phi = 0 \tag{5.2}$$

$$D_{\mathrm{m}} \nabla^2 \phi - \Sigma_{\mathrm{a}}^{\mathrm{m}} \phi + q = 0 \tag{5.3}$$

ここで q は熱領域への減速密度である. 図 5.3 に示す厚さ $2a$ の板状燃料を減速材中に面心距離 $2b$ で等間隔に配列した 1 次元平板格子の場合, 式 (5.2), (5.3) は,

$$\frac{d^2 \phi}{dx^2} - \kappa_{\mathrm{f}}^2 \phi = 0 \qquad (0 \le x \le a) \tag{5.4}$$

$$\frac{d^2 \phi}{dx^2} - \kappa_{\mathrm{m}}^2 \phi + q = 0 \qquad (a \le x \le b) \tag{5.5}$$

となる. ただし,

$$\kappa_{\mathrm{f}}^2 = \frac{\Sigma_{\mathrm{a}}^{\mathrm{f}}}{D_{\mathrm{f}}}, \qquad \kappa_{\mathrm{m}}^2 = \frac{\Sigma_{\mathrm{a}}^{\mathrm{m}}}{D_{\mathrm{m}}}$$

である. 体系の対称性からくる境界条件

$$\left. \frac{d\phi}{dx} \right|_{x=0} = 0, \qquad \left. \frac{d\phi}{dx} \right|_{x=b} = 0$$

を満足する解は以下の式で与えられる.

$$\phi = A \cosh \kappa_{\mathrm{f}} x \qquad (0 \le x \le a) \tag{5.6}$$

$$\phi = \frac{q}{\Sigma_{\mathrm{a}}^{\mathrm{m}}} - C \cosh \kappa_{\mathrm{m}}(b - x) \qquad (a \le x \le b) \tag{5.7}$$

燃料領域と減速材領域の境界 $(x = a)$ における中性子束と中性子流の連続性より,

$$A \cosh \kappa_{\mathrm{f}} a = \frac{q}{\Sigma_{\mathrm{a}}^{\mathrm{m}}} - C \cosh \kappa_{\mathrm{m}}(b - a) \tag{5.8}$$

$$AD_f\kappa_f \sinh \kappa_f a = CD_m\kappa_m \sinh \kappa_m(b-a) \tag{5.9}$$

上式より係数 C を消去すると次式が得られる.

$$\frac{1}{A} = \frac{\Sigma_a^m}{q}\left[\cosh\kappa_f a + \frac{D_f\kappa_f}{D_m\kappa_m}\sinh(\kappa_f a)\coth\kappa_m(b-a)\right] \tag{5.10}$$

単位セル内で発生する全熱中性子数は $V_m q$ であり，これが単位セル全体で吸収される熱中性子数に等しい. したがって，熱中性子利用率の逆数が定義より以下のように求められる.

$$\begin{aligned}
\frac{1}{f} &= \frac{V_m q}{\int_0^a \Sigma_a^f \phi dx}\\
&= \frac{V_m q\kappa_f}{A\Sigma_a^f \sinh\kappa_f a}\\
&= \frac{V_m\Sigma_a^m}{V_f\Sigma_a^f}\kappa_f a\coth\kappa_f a + \kappa_m(b-a)\coth\kappa_m(b-a) \tag{5.11}
\end{aligned}$$

ここで，次の F 関数，E 関数を導入する.

$$F(X) = X\coth X, \qquad E(Y,Z) = (Z-Y)\coth(Z-Y)$$

すると，式 (5.11) は次の標準形となる.

$$\frac{1}{f} = \frac{V_m\Sigma_a^m}{V_f\Sigma_a^f}F(\kappa_f a) + E(\kappa_m a, \kappa_m b) \tag{5.12}$$

　単位セルが円筒体系と球体系の場合も同様に解くことができて，熱中性子利用率の逆数が式 (5.12) の標準形に記述される. 単位セルのそれぞれの形状に対する F 関数，E 関数をまとめて表 5.1 に示す. ここで a, b は単位セルの中心からそれぞれ燃料境界，単位セル境界までの距離である.

表 **5.1**　熱中性子利用率を求めるための F 関数と E 関数

単位セル	$F(X)$	$E(Y,Z)$
平 板	$X\coth X$	$(Z-Y)\coth(Z-Y)$
円 筒	$\dfrac{X}{2}\dfrac{I_0(X)}{I_1(X)}$	$\dfrac{Z^2-Y^2}{2Y}\dfrac{I_0(Y)K_1(Z)+K_0(Y)I_1(Z)}{K_1(Y)I_1(Z)-I_1(Y)K_1(Z)}$
球	$\dfrac{X^2}{3}\dfrac{\tanh X}{X-\tanh X}$	$\dfrac{Z^3-Y^3}{3Y}\dfrac{1-Z\coth(Z-Y)}{1-YZ-(Z-Y)\coth(Z-Y)}$

5.3 共鳴吸収を逃れる確率

非均質炉の共鳴吸収を逃れる確率を，以下の仮定のもとに求める．

(i) 単位セルは燃料と減速材の 2 領域から成る．

(ii) 各領域における中性子束分布は一様である．

(iii) 燃料領域から一度出た中性子は減速材領域で減速されてから燃料領域に戻る．

(i)，(ii) のような仮定にもとづく解析モデルを 2 点近似とよぶ．

次の二つの確率を導入する．

$P_{\mathrm{f0}}(E)$：燃料中で発生したエネルギー E の中性子が次の衝突を減速材中で起こす確率

$P_{\mathrm{m0}}(E)$：減速材中で発生したエネルギー E の中性子が次の衝突を燃料中で起こす確率

以降において，Σ_{s}^{i}，Σ_{t}^{i}，α_i，ϕ_i はそれぞれ領域 i の散乱断面積，全断面積，散乱の α 値，中性子束である．2.2.2 項で説明したように，燃料中でエネルギー E に減速される中性子数は，

$$V_{\mathrm{f}} \int_{E}^{E/\alpha_{\mathrm{f}}} \frac{\Sigma_{\mathrm{s}}^{\mathrm{f}}(E')\phi_{\mathrm{f}}(E')dE'}{(1-\alpha_{\mathrm{f}})E'}$$

同様に，減速材中でエネルギー E に減速される中性子数は，

$$V_{\mathrm{m}} \int_{E}^{E/\alpha_{\mathrm{m}}} \frac{\Sigma_{\mathrm{s}}^{\mathrm{m}}(E')\phi_{\mathrm{m}}(E')dE'}{(1-\alpha_{\mathrm{m}})E'}$$

で計算される．これより，燃料中で次の衝突を行う中性子についての収支が次式で表される．

$$V_{\mathrm{f}}\Sigma_{\mathrm{t}}^{\mathrm{f}}(E)\phi_{\mathrm{f}}(E) = V_{\mathrm{f}}\{1-P_{\mathrm{f0}}(E)\}\int_{E}^{E/\alpha_{\mathrm{f}}} \frac{\Sigma_{\mathrm{s}}^{\mathrm{f}}(E')\phi_{\mathrm{f}}(E')dE'}{(1-\alpha_{\mathrm{f}})E'}$$
$$+ V_{\mathrm{m}}P_{\mathrm{m0}}(E)\int_{E}^{E/\alpha_{\mathrm{m}}} \frac{\Sigma_{\mathrm{s}}^{\mathrm{m}}(E')\phi_{\mathrm{m}}(E')dE'}{(1-\alpha_{\mathrm{m}})E'} \tag{5.13}$$

同様に，減速材中で次の衝突を行う中性子についての収支が次式で表される．

$$V_{\mathrm{m}}\Sigma_{\mathrm{t}}^{\mathrm{m}}(E)\phi_{\mathrm{m}}(E) = V_{\mathrm{m}}\{1-P_{\mathrm{m0}}(E)\}\int_{E}^{E/\alpha_{\mathrm{m}}} \frac{\Sigma_{\mathrm{s}}^{\mathrm{m}}(E')\phi_{\mathrm{m}}(E')dE'}{(1-\alpha_{\mathrm{m}})E'}$$
$$+ V_{\mathrm{f}}P_{\mathrm{f0}}(E)\int_{E}^{E/\alpha_{\mathrm{f}}} \frac{\Sigma_{\mathrm{s}}^{\mathrm{f}}(E')\phi_{\mathrm{f}}(E')dE'}{(1-\alpha_{\mathrm{f}})E'} \tag{5.14}$$

各領域で中性子束が一様かつ等方な場合には次の相反定理が成り立つ.

$$P_{f0}(E)\Sigma_t^f(E)V_f = P_{m0}(E)\Sigma_t^m(E)V_m \tag{5.15}$$

また，NR 近似を用いて減速材中での中性子スペクトルが漸近スペクトルになっていると仮定する.

$$\phi_m(E) = \frac{1}{\overline{\xi\Sigma_s}E} \tag{5.16}$$

$$\overline{\xi\Sigma_s} = \frac{\xi_f\Sigma_p^f V_f + \xi_m\Sigma_s^m V_m}{V_f + V_m} \tag{5.17}$$

Σ_p^f は燃料のポテンシャル散乱断面積である.

式 (5.15)，(5.16) を式 (5.13) に代入すると，次式が得られる.

$$\Sigma_t^f(E)\phi_f(E) = \{1 - P_{f0}(E)\}\int_E^{E/\alpha_f} \frac{\Sigma_s^f(E')\phi_f(E')dE'}{(1-\alpha_f)E'} + \frac{P_{f0}(E)\Sigma_t^f(E)}{\overline{\xi\Sigma_s}E} \tag{5.18}$$

この式は燃料領域だけの式であり，P_{f0} が既知であれば ϕ_f について解くことができる.

求められた ϕ_f を用いて，エネルギー E_i にある共鳴吸収を逃れる確率は，

$$p_i = 1 - \frac{V_f}{V_f + V_m}\int_{E_i-\Delta_i}^{E_i+\Delta_i} \Sigma_a^f(E)\phi_f(E)dE \tag{5.19}$$

と計算され，すべての共鳴吸収を逃れる確率は，

$$p = p_1 p_2 \cdots p_N = \prod_{i=1}^N \left(1 - \frac{V_f}{V_f + V_m}\int_{E_i-\Delta_i}^{E_i+\Delta_i} \Sigma_a^f(E)\phi_f(E)dE\right)$$
$$\approx \exp\left(-\frac{N_f V_f\overline{\xi\Sigma_s}}{\xi_f\Sigma_p^f V_f + \xi_m\Sigma_s^m V_m}\int_E^{E_0} \sigma_a^f(E)\phi_f(E)dE\right)$$
$$= \exp\left(-\frac{N_f V_f I}{\xi_f\Sigma_p^f V_f + \xi_m\Sigma_s^m V_m}\right) \tag{5.20}$$

となる. ここで，I は実効共鳴積分である.

$$I = \overline{\xi\Sigma_s}\int_E^{E_0} \sigma_a^f(E)\phi_f(E)dE \tag{5.21}$$

5.3.1 NR 近 似

NR 近似の場合

$$\int_E^{E/\alpha_f} \frac{\Sigma_s^f(E')\phi_f(E')dE'}{(1-\alpha_f)E'} \approx \frac{\Sigma_p^f}{\overline{\xi\Sigma_s}E}$$

としてかまわないので，これを式 (5.18) に代入して，

$$\phi_f(E) = \frac{\{1-P_{f0}(E)\}\Sigma_p^f + P_{f0}(E)\Sigma_t^f}{\Sigma_t^f\overline{\xi\Sigma_s}E} \tag{5.22}$$

となる．これより，NR 近似による共鳴積分が次式で与えられる．

$$I_{NR} = \int_E^{E_0} \frac{\sigma_a^f}{\sigma_t^f}\{\sigma_p^f + P_{f0}(\sigma_t^f - \sigma_p^f)\}\frac{dE}{E} \tag{5.23}$$

5.3.2 NRIM 近 似

次に，NRIM 近似の場合を考える．NRIM 近似では，燃料核種と何回衝突しても中性子エネルギーは変わらないので，燃料中で発生して燃料と 0 回，1 回，2 回，…衝突を繰り返した後に燃料外にもれる確率 P_f を使う必要がある．燃料中の中性子が次の衝突を燃料中で起こす確率は $1 - P_{f0}$，その結果吸収されずに残る確率が σ_s^f/σ_t^f であることから，P_f は次の式で評価される．

$$P_f = P_{f0} + (1-P_{f0})\left(\frac{\sigma_s^f}{\sigma_t^f}\right)P_{f0} + (1-P_{f0})^2\left(\frac{\sigma_s^f}{\sigma_t^f}\right)^2 P_{f0} + \cdots$$

$$= \frac{P_{f0}}{1-(1-P_{f0})(\sigma_s^f/\sigma_t^f)}$$

式 (5.23) の P_{f0} をこれと置き換えるとともに，NRIM 近似では σ_p^f も無視してよい．これより，NRIM 近似による実効共鳴積分が次式で与えられる．

$$I_{NRIM} = \int_E^{E_0} \frac{P_{f0}\sigma_a^f}{1-(1-P_{f0})(\sigma_s^f/\sigma_t^f)}\frac{dE}{E} \tag{5.24}$$

P_{f0} は幾何学的な計算によって求められるが，よく使われる次の近似式は Wigner の有理近似とよばれている．

$$P_{f0}(E) = \frac{\frac{S_f}{4V_f\Sigma_t^f}}{1+\frac{S_f}{4V_f\Sigma_t^f}} = \frac{1}{1+\bar{l}\Sigma_t^f} \tag{5.25}$$

ここで，S_f は燃料領域の表面積であり，$\bar{l} = 4V_f/S_f$ は燃料を横切る飛跡の平均長である．

5.4 高速核分裂補正因子

ここではウランを燃料とする原子炉の高速核分裂補正因子を求めることとする. この場合, ^{235}U と ^{238}U の核分裂のみが臨界に寄与するが, 熱中性子による ^{235}U の核分裂 1 回あたりに ^{238}U の高速核分裂が F 回起きていると仮定する. 高速中性子に対する ^{238}U の捕獲反応と核分裂反応の断面積比を α^{238} とすると, F 回の核分裂を引き起こすために ^{238}U に吸収されて消滅する高速中性子数は $(1+\alpha^{238})F$ である. ^{235}U と ^{238}U の核分裂中性子平均生成数をそれぞれ ν^{235}, ν^{238} とする. 高速核分裂補正因子 ε は定義より以下の式で与えられる.

$$\varepsilon = \frac{\nu^{235} + \nu^{238}F - (1+\alpha^{238})F}{\nu^{235}} = 1 + \frac{\nu^{238}-1-\alpha^{238}}{\nu^{235}}F \tag{5.26}$$

次に F を求める. ^{238}U の高速核分裂は, 主に以下の 3 通りの過程によって引き起こされる. まず, ^{235}U の核分裂中性子が直接 ^{238}U に衝突して核分裂を起こすものである. この過程の寄与は, ^{235}U の核分裂 1 回あたり,

$$\nu^{235}\beta^{235}P\frac{\Sigma_{\mathrm{f}}^{238}}{\Sigma_{\mathrm{t}}^{\mathrm{f}}}$$

と見積もられる. ここで, β^{235}, P, $\Sigma_{\mathrm{f}}^{238}$ はそれぞれ ^{238}U の核分裂しきいエネルギー以上のエネルギーをもつ ^{235}U の核分裂中性子の割合, 核分裂中性子が最初の衝突を燃料の中で行う確率, ^{238}U の核分裂断面積である. もう一つの可能性は ^{238}U の核分裂中性子が再び ^{238}U に衝突して核分裂を起こすもので, この寄与は, ^{235}U の核分裂 1 回あたり,

$$F\nu^{238}\beta^{238}P\frac{\Sigma_{\mathrm{f}}^{238}}{\Sigma_{\mathrm{t}}^{\mathrm{f}}}$$

となる. β^{238} は ^{238}U の核分裂しきいエネルギー以上のエネルギーをもつ ^{238}U の核分裂中性子の割合である. 最後の寄与は, 燃料によって弾性散乱された中性子が ^{238}U に衝突して核分裂を起こすものである. なお, 減速材に散乱された中性子と燃料に非弾性散乱された中性子は, すべて ^{238}U の核分裂しきいエネルギー未満に減速されてしまうものとする. この寄与は, ^{235}U の核分裂 1 回あたり,

$$F\gamma P'\frac{\Sigma_{\mathrm{e}}^{\mathrm{f}}}{\Sigma_{\mathrm{t}}^{\mathrm{f}}}$$

である．ただし，γ, P', Σ_e^f はそれぞれ ^{238}U の核分裂しきいエネルギー以上のエネルギーをもつ弾性散乱された中性子の割合，弾性散乱された中性子が最初の衝突を燃料の中で行う確率，燃料の弾性散乱断面積である．

^{238}U の高速核分裂は以上の三つの寄与の合計である．

$$F = \nu^{235}\beta^{235}P\frac{\Sigma_f^{238}}{\Sigma_t^f} + F\nu^{238}\beta^{238}P\frac{\Sigma_f^{238}}{\Sigma_t^f} + F\gamma P'\frac{\Sigma_e^f}{\Sigma_t^f}$$

これを解いて F が求められる．

$$F = \frac{\nu^{235}\beta^{235}P\Sigma_f^{238}}{\Sigma_t^f - \nu^{238}\beta^{238}P\Sigma_f^{238} - \gamma P'\Sigma_e^f} \tag{5.27}$$

これを式 (5.26) に代入して，高速核分裂補正因子 ε の評価式が得られる．

$$\varepsilon = 1 + \frac{\beta^{235}P\Sigma_f^{238}(\nu^{238}-1-\alpha^{238})}{\Sigma_t^f - \nu^{238}\beta^{238}P\Sigma_f^{238} - \gamma P'\Sigma_e^f} \tag{5.28}$$

非均質炉において，P や P' は単位セルの幾何学的形状を考慮に入れて計算すべきパラメータであるが，均質炉においては材料組成のみに依存する次の値を用いる．

$$P = P' = \frac{\Sigma_t^f}{\Sigma_t} \tag{5.29}$$

5.5 無限大増倍係数

特定の核燃料を用いた熱中性子炉の炉心を構成する場合，最も基本的な設計パラメータは燃料と減速材の割合である．図 5.4 は燃料の割合を変化させた場合に，無限大増倍係数 k_∞ と 4 因子のうちの ε, p, f がどう変化するかを定性的に示したものである．横軸は，均質炉においては燃料の減速材に対する原子数密度比，非均質炉においては単位セル中の燃料の減速材に対する体積比である．なお，η 値は炉心組成にかかわらずほとんど $\eta > 2$ で一定である．

燃料割合がゼロに近い無限希釈状態では，核分裂中性子は発生後に核分裂も共鳴吸収も起こさずただちに減速されてしまうので，$\varepsilon \approx 1$, $p \approx 1$ である．しかし，燃料に吸収される機会もほとんどないために $f \approx 0$ となり，$k_\infty \approx 0$ である．燃料の割合が高まるにつれ，燃料に吸収される割合が増えるために f は 1 に向けて単調に増加する．また，高速中性子が燃料に衝突して高速核分裂を起こす機会も

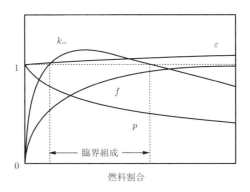

図 **5.4** 熱中性子炉における炉心の組成と無限大増倍係数

増えるので，ε は緩やかに増加し，共鳴吸収される中性子の割合も増えるために p は単調に減少する．

　以上の結果，これらを掛け合わせた無限大増倍係数 k_∞ はある燃料割合で最大値をもつ山形のカーブとなり，最大値が 1 を超える場合には二つの燃料割合で臨界にすることができる．しかし，実際の原子炉は有限の大きさをもち，できるだけ少ない燃料で効率よく臨界にするために，k_∞ が最大に近い点で設計する．さらに安全性を考慮すると，何らかの理由で核分裂連鎖反応が促進された場合に出力暴走が起きないようにするために，減速材が熱膨張で原子数密度が低下すると臨界になりにくくなるように設計する．このような点は図 5.4 で k_∞ の最大点よりも右側にあり，最適な組成よりも減速材が足りない状態である．このような炉心組成の領域を，**アンダーモデレーション**とよぶ．

6 反応度と原子炉の制御

3〜5章では，ちょうど臨界で定常状態にある原子炉を主な対象としてきた．しかし，起動，停止，出力変更のためには原子炉を超臨界や未臨界の状態にする必要がある．また，原子炉を運転しつづけると，燃料の燃焼や核分裂生成物の蓄積のために臨界点が徐々に変化していく．本章では原子炉が臨界から外れる現象と，それを補償するための反応度制御についてとりあげる．

6.1 反応度制御

原子炉がどれだけ臨界から外れているかの程度を表す量として，**反応度**を次式で定義する．

$$\rho = \frac{k_{\mathrm{eff}} - 1}{k_{\mathrm{eff}}} \tag{6.1}$$

反応度は実効増倍係数 k_{eff} の臨界からのずれを相対的に表したものである．この定義より，$\rho = 0$ は臨界，$\rho < 0$ は未臨界，$\rho > 0$ は超臨界を意味する．

原子炉は，定常運転のために臨界を維持できなければならないのはもちろんのこと，起動，停止，出力変更のために反応度を調整する機能を有していなければならない．この機能を**反応度制御**とよぶ．また，燃料の燃焼などに伴う k_{eff} の低下を補償するために，ぎりぎり臨界になる以上の余裕が反応度には必要であるが，臨界を超える余分な反応度を**余剰反応度**と呼ぶ．

反応度制御には，以下にあげるような方法が用いられる．

a. 中性子吸収物質による方法

大きな中性子吸収断面積をもつ物質を炉心に出し入れすることによって反応度を調整する方法で，実用炉で最も一般的に用いられている．中性子吸収物質を**毒物質**，毒物質による反応度効果を毒作用とよぶ．毒物質としてよく用いられる核種・元素には，$^{10}\mathrm{B}$，Cd，Hf，Dy，Gd などがある．

毒物質を金属管などに充填して束にし，棒状にしたものが制御棒である．制御

棒は，短時間の速い制御にも長期にわたるゆっくりとした制御にも用いられる．ホウ酸など可溶性の毒物質を冷却水に溶解して，その濃度を調整する方法が**化学的粗調整**である．化学的粗調整は，PWR における燃料の燃焼による反応度低下の補償など，比較的ゆっくりとした反応度制御に用いられる．中性子を吸収すると吸収断面積の小さな物質に変わってしまう毒物質を**可燃性毒物**とよぶ．燃料の燃焼に伴うゆっくりとした反応度の低下を補償するために，可燃性毒物を燃料に混入することが行われる．

b. 燃料による方法

燃料の一部を炉心に出し入れすることによって反応度を調整する方法である．均質炉では，燃料と減速材の混合溶液を原子炉容器に注入，排出する．あるいは，毒物質の制御棒と同様に燃料物質を棒状に成形したものを炉心に出し入れする方法がある．この場合，毒物質とは逆に制御棒を挿入すると反応度が上昇する．

c. 中性子漏洩量による方法

炉心から漏洩する中性子の割合が大きい小型の原子炉では，反射体やブランケット燃料を脱着して中性子の漏洩量を変えることにより反応度を制御することがある．

d. 減速材による方法

炉心の減速材の量を変えて中性子スペクトルを変化させ，共鳴吸収を逃れる確率により反応度を制御する方法で，スペクトルシフト制御とよばれる．臨界実験装置などでは原子炉容器内の水位を変える，あるいは減速材の重水と軽水の混合比を変えるなどの方法が用いられる．BWR では制御棒に加えて，炉心を流れる冷却水の流量を変化させ，炉心における蒸気泡の割合によって反応度を調整する方法が比較的速い反応度制御に用いられている．

6.2 制　御　棒

6.2.1 中心に完全挿入された制御棒

制御棒を挿入することによってどれだけ反応度が変化するかを，**制御棒価値**とよぶ．任意の位置に挿入された制御棒の価値を理論的に求めるのは難しいが，こ

こでは基本的考え方を示すために最も単純なケースを扱う.

修正一群拡散理論を用い,有限長円筒形状の裸の原子炉の中心に完全挿入された1本の制御棒を解析する.外挿距離を含む原子炉の半径を R',高さを H',制御棒の半径を a とする.

制御棒が挿入されていない状態での原子炉方程式とその解は以下のようになる.

$$\nabla^2 \phi + B_0^2 \phi = 0 \tag{6.2}$$

$$B_0^2 = \frac{k_\infty - 1}{M^2}$$

$$\phi(r, z) = \phi_0 J_0 \left(\frac{2.405}{R'} r \right) \cos \left(\frac{\pi}{H'} z \right) \tag{6.3}$$

この原子炉がちょうど臨界ならば,B_0^2 は幾何学的バックリングに等しい.

$$B_0^2 = \left(\frac{2.405}{R'} \right)^2 + \left(\frac{\pi}{H'} \right)^2 \tag{6.4}$$

$$k_0 = \frac{k_\infty}{1 + B_0^2 M^2} = 1 \tag{6.5}$$

制御棒の吸収断面積が非常に大きく,進入した中性子をすべて吸収してしまうと仮定する.このような吸収体を黒体とよぶ.黒体表面に入射した中性子が反射して戻ることはないので,媒質からみた黒体表面は真空境界と同じと考えてよい.このため,外挿距離だけ黒体内に入った位置に外挿した中性子束がゼロになるという真空境界条件を適用してかまわない.外挿距離 d は,制御棒の半径 a と周囲の媒質の輸送平均自由行程 λ_{tr} から図 6.1 のように決まる.a が λ_{tr} に比べて十分大きくなると,d は真空境界に対する外挿距離 $0.7104\lambda_{\mathrm{tr}}$ に漸近する.

制御棒挿入状態の原子炉方程式は式 (6.2) と変わらない.しかし,境界条件は真空境界条件に加えて以下の制御棒表面に関する境界条件が加わる.

$$\phi(a') = 0, \qquad a' = a - d \tag{6.6}$$

z 軸方向の境界条件を満足する式 (6.2) の一般解の形は,

$$\phi(r, z) = [E J_0(\alpha r) + F Y_0(\alpha r)] \cos \left(\frac{\pi}{H'} z \right) \tag{6.7}$$

である.r 軸方向の境界条件より次式が求められる.

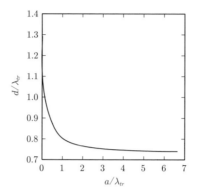

図 **6.1**　黒体制御棒に対する外挿距離

$$EJ_0(\alpha a') + FY_0(\alpha a') = 0$$
$$EJ_0(\alpha R') + FY_0(\alpha R') = 0$$

(6.8)

これが $E = F = 0$ 以外の解をもつためには，

$$\frac{J_0(\alpha a')}{J_0(\alpha R')} = \frac{Y_0(\alpha a')}{Y_0(\alpha R')}$$

(6.9)

でなければならない．

　式 (6.9) を満足する α のうち正で最小のものは，制御棒を挿入しない状態の値

$$\alpha_0 = \frac{2.405}{R'}$$

よりも若干大きい．そこで，$\alpha = \alpha_0 + \Delta\alpha$ とおいて式 (6.9) に代入し，さらに次の近似を用いる．

$$J_0(\alpha a') \approx 1$$
$$Y_0(\alpha a') \approx -\frac{2}{\pi}\left[0.116 + \ln\left(\frac{1}{\alpha_0 a'}\right)\right]$$
$$J_0(\alpha R') \approx J_0(\alpha_0 R') + J_0{'}(\alpha_0 R')R'\Delta\alpha \approx -0.519R'\Delta\alpha$$
$$Y_0(\alpha R') \approx Y_0(\alpha_0 R') \approx 0.510$$

$\Delta\alpha$ について解くことにより，以下の結果を得る．

$$\Delta\alpha = \frac{1.544}{R'[0.116 + \ln(R'/2.405a')]}$$

(6.10)

制御棒挿入状態の幾何学的バックリングと，実効増倍係数が，

$$B^2 = \alpha^2 + \left(\frac{\pi}{H'}\right)^2, \qquad k = \frac{k_\infty}{1 + B^2 M^2}$$

となる．これより制御棒挿入による反応度変化が以下のように求められる．

$$\begin{aligned}
\rho &= \frac{k-1}{k} = 1 - \frac{1 + B^2 M^2}{k_\infty} = \frac{(B_0^2 - B^2)M^2}{k_\infty} \\
&\approx \frac{(\alpha_0^2 - \alpha^2)M^2}{k_\infty} \approx -\frac{2M^2\alpha_0}{k_\infty}\Delta\alpha \\
&= -\frac{7.43}{k_\infty}\frac{M^2}{R'^2}\frac{1}{0.116 + \ln(R'/2.405a')}
\end{aligned} \tag{6.11}$$

図 6.2 は制御棒挿入時の中性子束分布を制御棒引抜時と比較したものである．$r = a'$ での境界条件を満足するために中性子束分布の湾曲率が大きくなり，幾何学的バックリングが大きくなって負の反応度が挿入される．

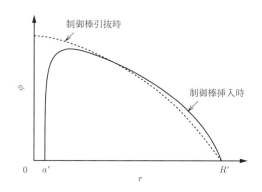

図 **6.2** 制御棒挿入による中性子束分布の変化

6.2.2 随伴方程式と随伴中性子束

中心から離れた位置にある制御棒や，完全挿入状態にない制御棒の価値を解析的に求めることは不可能である．このような場合の制御棒価値は，**摂動論**を用いて求めることができる．ここでは，まずそのための数学的な準備を行う．

式 (4.29) と同様に固有値問題として記述された一群拡散方程式を考える．

$$-\operatorname{div} D \operatorname{grad} \phi + \Sigma_{\mathrm{a}} \phi = \frac{1}{k} \nu \Sigma_{\mathrm{f}} \phi \tag{6.12}$$

ここで，最大固有値 k が中性子実効増倍係数に相当する．これを演算子記法を用いて次のように表記する．

$$\mathbf{L}\phi = \frac{1}{k} \mathbf{F} \phi \tag{6.13}$$

$$\mathbf{L} = -\operatorname{div} D \operatorname{grad} + \Sigma_{\mathrm{a}}, \qquad \mathbf{F} = \nu \Sigma_{\mathrm{f}} \tag{6.14}$$

外挿距離を含む原子炉の内部および外表面上で定義された任意の関数 f, g に対して，内積を以下の式で定義する．

$$\langle f, g \rangle = \iiint_V f(\mathbf{r}) g(\mathbf{r}) d\mathbf{r} \tag{6.15}$$

ここで，積分は外挿距離を含む原子炉の全体積にわたって行うものとする．任意の演算子 $\mathbf{M}$ に対して，次の関係を満たす演算子 $\mathbf{M}^\dagger$ を $\mathbf{M}$ の随伴演算子とよぶ．

$$\langle \mathbf{M}^\dagger f, g \rangle = \langle f, \mathbf{M}g \rangle \tag{6.16}$$

ただし，f, g は原子炉の外挿表面上でゼロになる関数とする．

式 (6.13) に対して，次の方程式をその**随伴方程式**とよぶ．

$$\mathbf{L}^\dagger \psi = \frac{1}{k} \mathbf{F}^\dagger \psi \tag{6.17}$$

関数 ψ は中性子束 ϕ と同じ境界条件を満たす関数で，随伴中性子束あるいは**中性子のインポータンス**とよばれる．

$\mathbf{M}^\dagger = \mathbf{M}$ であるような演算子を自己随伴であるという．次に，演算子 $\mathbf{L}, \mathbf{F}$ が自己随伴であることを示す．まず，以下の関係は自明である．

$$\langle \Sigma_{\mathrm{a}} f, g \rangle = \langle f, \Sigma_{\mathrm{a}} g \rangle, \qquad \langle \nu \Sigma_{\mathrm{f}} f, g \rangle = \langle f, \nu \Sigma_{\mathrm{f}} g \rangle \tag{6.18}$$

漏洩項に関しては，発散定理を用いて以下のように計算される．

$$
\begin{aligned}
\langle \operatorname{div} D \operatorname{grad} f, g \rangle &= \iiint_V g \operatorname{div} D \operatorname{grad} f \, d\mathbf{r} \\
&= \iiint_V \operatorname{div} (g D \operatorname{grad} f) d\mathbf{r} - \iiint_V D \operatorname{grad} f \cdot \operatorname{grad} g \, d\mathbf{r} \\
&= \iint_C g D \operatorname{grad} f \cdot \mathbf{n} \, ds - \iiint_V D \operatorname{grad} f \cdot \operatorname{grad} g \, d\mathbf{r}
\end{aligned}
$$

$$= - \iiint_V D \operatorname{grad} f \cdot \operatorname{grad} g \, d\mathbf{r}$$

$\mathbf{n}$ は原子炉外挿表面の外向き法線ベクトル，面積分は原子炉の全外挿表面にわたって行うこととする．一方，

$$\begin{aligned}
\langle f, \operatorname{div} D \operatorname{grad} g \rangle &= \iiint_V f \operatorname{div} D \operatorname{grad} g \, d\mathbf{r} \\
&= \iiint_V \operatorname{div}(fD \operatorname{grad} g) d\mathbf{r} - \iiint_V \operatorname{grad} f \cdot D \operatorname{grad} g \, d\mathbf{r} \\
&= \iint_C fD \operatorname{grad} g \cdot \mathbf{n} \, d\mathbf{s} - \iiint_V D \operatorname{grad} f \cdot \operatorname{grad} g \, d\mathbf{r} \\
&= - \iiint_V D \operatorname{grad} f \cdot \operatorname{grad} g \, d\mathbf{r}
\end{aligned}$$

以上より，

$$\langle \operatorname{div} D \operatorname{grad} f, g \rangle = \langle f, \operatorname{div} D \operatorname{grad} g \rangle \tag{6.19}$$

となる．よって，$\mathbf{L}$, $\mathbf{F}$ が自己随伴であることが示された．これより，一群拡散方程式 (6.13) の随伴方程式 (6.17) は式 (6.13) そのものであり，$\psi \propto \phi$ であることが示された．ただし，二群以上の拡散方程式の演算子は自己随伴にならない．

6.2.3 　1 次 摂 動 論

炉心に中性子吸収物質が挿入されて吸収断面積が $\delta\Sigma_{\mathrm{a}}$ だけ変化したとする．このような微小変化 (摂動) を受けた後の一群拡散方程式を次式で表す．

$$\mathbf{L}'\phi' = \frac{1}{k'}\mathbf{F}\phi' \tag{6.20}$$

$$\mathbf{L}' = \mathbf{L} + \delta\mathbf{L} = \mathbf{L} + \delta\Sigma_{\mathrm{a}}$$

摂動を受ける前の随伴中性子束 ψ との内積を計算する．

$$\langle \psi, \mathbf{L}'\phi' \rangle = \frac{1}{k'}\langle \psi, \mathbf{F}\phi' \rangle$$

$$\langle \psi, \mathbf{L}\phi' \rangle + \langle \psi, \delta\Sigma_{\mathrm{a}}\phi' \rangle = \frac{1}{k'}\langle \psi, \mathbf{F}\phi' \rangle \tag{6.21}$$

式 (6.17) の随伴中性子束の定義より，

$$\langle \psi, \mathbf{L}\phi' \rangle = \langle \mathbf{L}^\dagger\psi, \phi' \rangle = \frac{1}{k}\langle \mathbf{F}^\dagger\psi, \phi' \rangle = \frac{1}{k}\langle \psi, \mathbf{F}\phi' \rangle$$

となる．これを式 (6.21) から引くと次式を得る．

$$\langle \psi, \delta\Sigma_{\mathrm{a}}\phi' \rangle = \left(\frac{1}{k'} - \frac{1}{k} \right) \langle \psi, \mathbf{F}\phi' \rangle \tag{6.22}$$

これより，この摂動による反応度変化は以下の式で求められる．

$$\rho = \frac{k'-1}{k'} - \frac{k-1}{k} = \frac{1}{k} - \frac{1}{k'} = -\frac{\langle \psi, \delta\Sigma_{\mathrm{a}}\phi' \rangle}{\langle \psi, \mathbf{F}\phi' \rangle} \tag{6.23}$$

1 次摂動論では，摂動の前後で中性子束がほとんど変化しないものとして，$\phi' \approx \phi$ と近似する．

$$\rho = -\frac{\langle \psi, \delta\Sigma_{\mathrm{a}}\phi \rangle}{\langle \psi, \mathbf{F}\phi \rangle} \tag{6.24}$$

また，一群拡散理論では $\psi \propto \phi$ であることから，最終結果は次式で表される．

$$\rho = -\frac{\iiint_{\delta V} \delta\Sigma_{\mathrm{a}}\phi^2 d\mathbf{r}}{\iiint_{V} \nu\Sigma_{\mathrm{f}}\phi^2 d\mathbf{r}} \tag{6.25}$$

ここで，分子の積分は原子炉全体にわたって行う必要はなく，摂動を受けた領域 δV だけを対象に行えばよい．

6.2.4 部分挿入された制御棒

図 6.3 に示すように，外挿距離を含む半径が R，高さが H の有限長円筒形状の裸の原子炉の中心軸から距離 a の位置に，断面積が S の制御棒が深さ h まで部分挿入されている場合を考える．制御棒の中性子吸収断面積を Σ_{r} とする．

制御棒引抜状態での中性子束分布は次式で与えられる．

$$\phi = \phi_0 J_0\left(\frac{2.405}{R}r \right) \cos\left(\frac{\pi}{H}z \right) \tag{6.26}$$

これを式 (6.25) に代入し，部分挿入状態にある制御棒価値が以下のように求められる．

$$\begin{aligned}
\rho(a, h) &= -\frac{S\Sigma_{\mathrm{r}}}{K} J_0^2\left(\frac{2.405}{R}a \right) \int_{\frac{H}{2}-h}^{\frac{H}{2}} \cos^2\left(\frac{\pi}{H}z \right) dz \\
&= -\frac{S\Sigma_{\mathrm{r}}}{2K} J_0^2\left(\frac{2.405}{R}a \right) \left[h - \frac{H}{2\pi}\sin\left(\frac{2\pi}{H}h \right) \right]
\end{aligned} \tag{6.27}$$

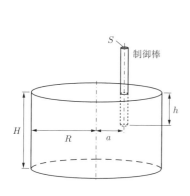

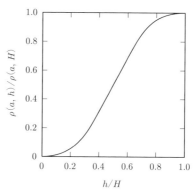

図 **6.3**　部分挿入された制御棒　　図 **6.4**　挿入深さと制御棒価値の関係

$$K = \nu \Sigma_\mathrm{f} \int_0^R 2\pi r J_0^2 \left(\frac{2.405}{R} a \right) dr \int_{-\frac{H}{2}}^{\frac{H}{2}} \cos^2 \left(\frac{\pi}{H} z \right) dz \tag{6.28}$$

全挿入状態での制御棒価値 $\rho(a, H)$ に対する相対値で考えると，

$$\frac{\rho(a, h)}{\rho(a, H)} = \frac{h}{H} - \frac{1}{2\pi} \sin \left(\frac{2\pi}{H} h \right) \tag{6.29}$$

となる．これは図 6.4 に示すような挿入深さに対する S 字状の関数になる．

6.2.5　複数挿入された制御棒

　式 (6.25) が示すように，1 次摂動論にもとづいて計算された反応度は加えられた摂動に対して線形であるから，複数挿入された制御棒の価値は単独で挿入された制御棒の価値の合計になる．しかし，実際には，制御棒が挿入されたことによって中性子束分布が歪むために，複数挿入された制御棒の価値は単独で挿入された制御棒の価値の合計にはならない．このような，ほかの制御棒からの影響を受けて制御棒価値が変化する効果を**制御棒の相互干渉**とよぶ．

　2 本の制御棒の間隔が媒質の拡散距離に比べて短い場合，片方の制御棒周辺の中性子束が落ち込むためにもう片方の制御棒に吸収される中性子数が減少し，制御棒の効果を互いに弱め合う．逆にある程度の間隔をおいて 2 本の制御棒を挿入すると，片方の制御棒が引抜き状態にあるときよりもう片方の制御棒の挿入位置

における中性子束が相対的に高くなるので (図 6.2)，制御棒の効果を互いに強め合う.

制御棒の相互干渉は，拡散距離の長い重水や黒鉛を減速材とする熱中性子炉で顕著となる. このような場合，1 次摂動論よりも厳密な方法で制御棒価値を評価する必要がある.

6.3　核分裂生成物の毒作用

核分裂の結果できる**核分裂生成物** (fission product: FP) の中には，中性子を吸収する核種が存在する. 核分裂生成物の反応度効果は全核種を仮想的な一つの核種として考慮すればよいが，熱中性子炉では特に大きな熱中性子吸収断面積をもつ ^{135}Xe と ^{149}Sm だけは特別に扱わなければ精度よい解析はできない.

炉心に一様に分布した毒物質による反応度効果は，中性子束分布がほとんど変化しないと仮定した場合，1 次摂動論より以下のように求められる.

$$\rho = -\frac{\iiint_V N_{\mathrm{p}} \sigma_{\mathrm{a}}^{\mathrm{p}} \phi^2 d\mathbf{r}}{\iiint_V \nu \Sigma_{\mathrm{f}} \phi^2 d\mathbf{r}} = -N_{\mathrm{p}} \frac{\iiint_V \sigma_{\mathrm{a}}^{\mathrm{p}} \phi^2 d\mathbf{r}}{\iiint_V \nu \Sigma_{\mathrm{f}} \phi^2 d\mathbf{r}} \propto N_{\mathrm{p}} \tag{6.30}$$

N_{p}, $\sigma_{\mathrm{a}}^{\mathrm{p}}$ はそれぞれ毒物質の原子数密度と吸収断面積である. このように，反応度は毒物質の原子数密度に比例する.

6.3.1　キセノンの毒作用

^{135}Xe は 2.7×10^6 b の熱中性子断面積をもち，図 6.5 に示す過程で生成する. 関連核種の核分裂収率を表 6.1 に示す. ^{135}Te の半減期は短く，生成後ただちに崩壊するので ^{135}Te の代わりに ^{135}I が生成するとみなしてもかまわない.

それぞれ，^{135}I, ^{135}Xe の崩壊定数を $\lambda_{\mathrm{I}}, \lambda_{\mathrm{X}}$，核分裂収率を $\gamma_{\mathrm{I}}, \gamma_{\mathrm{X}}$，原子数密度を I, X とすると，^{135}I, ^{135}Xe の生成消滅は以下の式で表される.

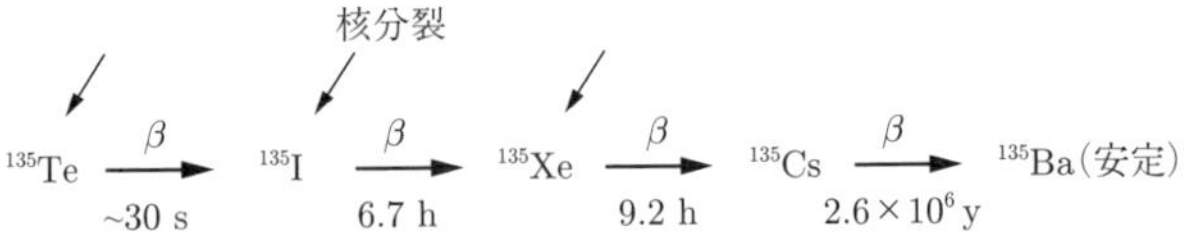

図 **6.5**　^{135}Xe の生成消滅過程

表 **6.1** 核分裂収率 (原子数/核分裂)

核分裂性核種	^{233}U	^{235}U	^{239}Pu
^{135}Te + ^{135}I	0.051	0.061	0.055
^{135}Xe	0.012	0.003	0.011
^{149}Nd + ^{149}Pm	0.0066	0.0113	0.019

$$\frac{dI}{dt} = \gamma_{\rm I}\Sigma_{\rm f}\phi - \lambda_{\rm I}I \tag{6.31}$$

$$\frac{dX}{dt} = \lambda_{\rm I}I + \gamma_{\rm X}\Sigma_{\rm f}\phi - \lambda_{\rm X}X - \sigma_{\rm X}\phi X \tag{6.32}$$

$\sigma_{\rm X}$ は ^{135}Xe の吸収断面積,ϕ は炉内の平均熱中性子束である.

a. 出力一定運転中

出力一定で長時間運転し,原子炉が平衡状態にある場合を考える.^{135}I と ^{135}Xe の平衡濃度は,式 (6.31), (6.32) をゼロとおいて解くことにより,以下の値になる.

$$I_\infty = \frac{\gamma_{\rm I}\Sigma_{\rm f}\phi}{\lambda_{\rm I}} \tag{6.33}$$

$$X_\infty = \frac{\lambda_{\rm I}I_\infty + \gamma_{\rm X}\Sigma_{\rm f}\phi}{\lambda_{\rm X} + \sigma_{\rm X}\phi} = \frac{(\gamma_{\rm I} + \gamma_{\rm X})\Sigma_{\rm f}\phi}{\lambda_{\rm X} + \sigma_{\rm X}\phi} \tag{6.34}$$

b. 炉 停 止 後

出力一定で運転していた原子炉を $t = 0$ で停止したとする.$t \geq 0$ で $\phi = 0$ となるので,式 (6.31), (6.32) は以下のようになる.

$$\frac{dI}{dt} = -\lambda_{\rm I}I \tag{6.35}$$

$$\frac{dX}{dt} = \lambda_{\rm I}I - \lambda_{\rm X}X \tag{6.36}$$

これを初期値 I_∞, X_∞ のもとに解くと,以下の解が得られる.

$$I = I_\infty e^{-\lambda_{\rm I}t} = \frac{\gamma_{\rm I}\Sigma_{\rm f}\phi}{\lambda_{\rm I}}e^{-\lambda_{\rm I}t} \tag{6.37}$$

$$X = X_\infty e^{-\lambda_{\rm X}t} + \frac{\lambda_{\rm I}I_\infty}{\lambda_{\rm I} - \lambda_{\rm X}}(e^{-\lambda_{\rm X}t} - e^{-\lambda_{\rm I}t})$$

$$= \frac{(\gamma_{\rm I} + \gamma_{\rm X})\Sigma_{\rm f}\phi}{\lambda_{\rm X} + \sigma_{\rm X}\phi}e^{-\lambda_{\rm X}t} + \frac{\gamma_{\rm I}\Sigma_{\rm f}\phi}{\lambda_{\rm I} - \lambda_{\rm X}}(e^{-\lambda_{\rm X}t} - e^{-\lambda_{\rm I}t}) \tag{6.38}$$

さまざまな中性子束レベルで運転したのちに炉停止した場合のキセノンの毒作

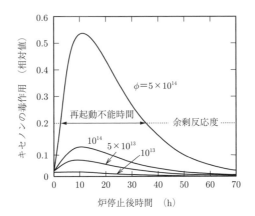

図 **6.6** 定出力運転後に炉停止した場合のキセノン毒作用

用を図 6.6 に示す．高中性子束レベルで運転したのちに炉停止した場合，^{135}Xe の蓄積による大きな毒作用のために，余剰反応度が十分でない原子炉の場合には全制御棒を引き抜いたとしても再起動できなくなる．^{135}Xe の毒作用は炉停止後約 10 時間でピークを迎えたのちに減衰するが，余剰反応度以下にまで減衰しないと原子炉を再起動できない再起動不能時間が発生する．

6.3.2 サマリウムの毒作用

^{149}Sm は 4.08×10^4 b の熱中性子断面積をもち，図 6.7 に示す過程で生成する．関連核種の核分裂収率を表 6.1 に示す．^{149}Nd の半減期は短く，生成後ただちに崩壊するので ^{149}Nd の代わりに ^{149}Pm が生成するとみなしてもかまわない．

それぞれ，^{149}Pm の崩壊定数を λ_P，核分裂収率を γ_P，^{149}Pm，^{149}Sm の原子数密度を P, S とすると，^{149}Pm，^{149}Sm の生成消滅は以下の式で表される．

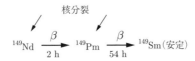

図 **6.7** ^{149}Sm の生成消滅過程

$$\frac{dP}{dt} = \gamma_P \Sigma_f \phi - \lambda_P P \tag{6.39}$$

$$\frac{dS}{dt} = \lambda_P P - \sigma_S \phi S \tag{6.40}$$

σ_S は ^{149}Sm の吸収断面積，ϕ は炉内の平均熱中性子束である．

出力一定で長時間運転したのちの ^{149}Pm，^{149}Sm の原子数密度は，式 (6.39)，(6.40) をゼロとおいて解くことにより，以下の値になる．

$$P_\infty = \frac{\gamma_P \Sigma_f \phi}{\lambda_P} \tag{6.41}$$

$$S_\infty = \frac{\lambda_P P_\infty}{\sigma_S \phi} = \frac{\gamma_P \Sigma_f}{\sigma_S} \tag{6.42}$$

次に，平衡状態になったのちに炉停止した場合の ^{149}Pm，^{149}Sm の原子数密度は以下のように変化する．

$$P = P_\infty e^{-\lambda_P t} = \frac{\gamma_P \Sigma_f \phi}{\lambda_P} e^{-\lambda_P t} \tag{6.43}$$

$$S = S_\infty + P_\infty (1 - e^{-\lambda_P t})$$
$$= \frac{\gamma_P \Sigma_f}{\sigma_S} + \frac{\gamma_P \Sigma_f \phi}{\lambda_P} (1 - e^{-\lambda_P t}) \tag{6.44}$$

式 (6.42) からわかるように，^{149}Sm の平衡原子数密度は中性子束レベルによらず一定である．また，^{135}Xe と異なり ^{149}Sm は安定核種なので，炉停止後は消滅することなく蓄積する一方である．^{149}Sm の原子数密度は約 200 時間すると飽和

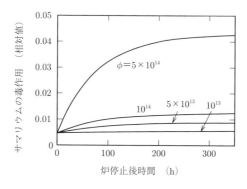

図 **6.8**　定出力運転後に炉停止した場合のサマリウム毒作用

して一定になる．図 6.8 にさまざまな中性子束レベルに対する ^{149}Sm の毒作用の
炉停止後の時間変化を示す．

6.4 燃 料 の 燃 焼

6.4.1 燃 焼 解 析

運転中の炉心では，核分裂性物質が燃焼して核分裂生成物が生成されるばかり
でなく，さまざまな中性子反応と放射性崩壊によって核燃料の組成が変化してい
く．ウラン–プルトニウム燃料の核変換系列を図 6.9 に示す．燃料組成の変化に伴
い，原子炉の反応度も変化する．

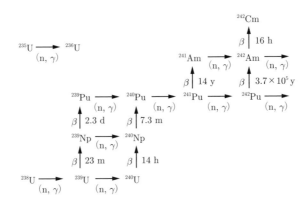

図 **6.9** ウラン–プルトニウム燃料の核変換系列

燃焼による核燃料の組成変化を解析する作業が**燃焼解析**である．燃焼解析のた
めの基礎方程式は，次式で与えられる．

$$\frac{dN_i}{dt} = \sum_j \lambda_j f_{ji} N_j + \sum_j \int \sigma_{ji} \phi dE \cdot N_j - \lambda_i N_i - \int \sigma_i \phi dE \cdot N_i \quad (6.45)$$

N_i，λ_i はそれぞれ核種 i の原子数密度と崩壊定数，σ_i は核種 i が消滅するような
中性子反応の断面積，f_{ji}，σ_{ji} は核種 j から核種 i が生ずるような崩壊の分岐率
と中性子反応の断面積，ϕ はエネルギー依存中性子束である．式 (6.45) の第 1 項
は放射性崩壊による核種 i の生成，第 2 項は中性子反応による生成，第 3 項は放
射性崩壊による消滅，第 4 項は中性子反応による消滅を表す．

　燃焼解析では，中性子拡散方程式を解いて求められた中性子束分布を用いて式 (6.45) を一定期間について解き，炉心の小領域ごとに燃料組成の変化を追跡する．新たな燃料組成を用いて各領域のマクロ断面積をつくりなおし，これを用いて中性子束分布を計算しなおす．この過程を燃焼期間が終わるまで繰り返すことによって，反応度と中性子束分布の燃焼依存性が求められる．

　原子炉の運転に伴い，燃料では (i) 核分裂性物質の燃焼，(ii) 親物質からの核分裂性物質の生成，(iii) 核分裂生成物の蓄積 が起こる．このうち (i) と (iii) は反応度を低下させ，(ii) は反応度を上昇させる．燃焼に伴う反応度変化は，これらのバランスで決まる．図 6.10 は三つの炉型について燃焼に伴う反応度変化を概念的に示した図である．濃縮ウラン燃料を用いた熱中性子炉では，転換比があまり大きくないので反応度は燃焼とともに単調に低下する．天然ウランを燃料とする熱中性子炉では，(ii) の効果が (i) や (iii) の効果を上回る期間があり，反応度は一時上昇するが，燃焼が進むとやがて低下する．高速増殖炉では核分裂性物質の増殖のために，反応度の低下は非常に緩やかになる．

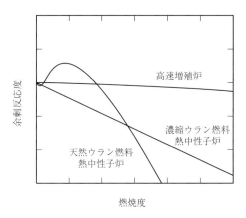

図 6.10　　燃焼に伴う反応度変化

6.4.2　可 燃 性 毒 物

　可燃性毒物は，中性子を吸収すると吸収断面積の小さな核種に転換してしまう毒物質で，運転開始時の過剰な反応度を抑制する目的で燃料に混ぜて装荷される．

可燃性毒物には B や Gd などが用いられる.

　可燃性毒物の反応度効果を求めるため,1 種類の核分裂性物質から成る簡単な
モデルを考える.核分裂性物質と可燃性毒物の原子数密度をそれぞれ N_f, N_p とす
ると,N_f, N_p の変化は以下の式によって表される.

$$\frac{dN_f(t)}{dt} = -\sigma_a^f \phi(t) N_f(t) \tag{6.46}$$

$$\frac{dN_p(t)}{dt} = -\sigma_a^p \phi(t) N_p(t) \tag{6.47}$$

σ_a^f, σ_a^p はそれぞれ核分裂性物質 f と可燃性毒物 p の中性子吸収断面積,ϕ は中性
子束である.出力一定で運転しているものと仮定すると,

$$\phi(t) N_f(t) = \phi(0) N_f(0)$$

であるから,式 (6.46),(6.47) の解は以下のようになる.

$$N_f(t) = N_f(0)[1 - \sigma_a^f \phi(0) t] \tag{6.48}$$

$$N_p(t) = N_p(0)[1 - \sigma_a^f \phi(0) t]^{\sigma_a^p / \sigma_a^f} \tag{6.49}$$

　図 6.11 に,可燃性毒物を装荷した原子炉の燃焼に伴う反応度変化を概念的に示
す.運転開始直後は,可燃性毒物の毒作用で可燃性毒物がない場合に比べて余剰
反応度は低く抑えられる.可燃性毒物は核分裂性物質よりも速く消耗するので反
応度は最初は上昇するが,やがて核分裂性物質の消耗に従って低下する.

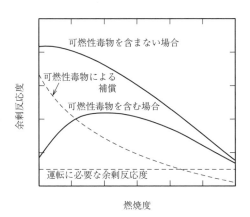

図 6.11　可燃性毒物を装荷した原子炉の反応度変化

7 原子炉の動特性

　定常状態にある原子炉に何らかの原因で反応度が挿入されると，炉内における核分裂連鎖反応のレベルは時々刻々と変化する．本章ではそのような原子炉の動特性を扱う．さらに，原子炉の出力レベルが変化するとそれに伴って炉心の状態が変化し，新たに反応度が挿入される．本章ではそのような反応度フィードバック現象についてもとりあげる．

7.1 1点近似動特性方程式

　ここでは原子炉内での中性子束分布を無視し，炉内に存在する全中性子数 $n(t)$ の時間変化を考える．

　中性子は炉内で吸収されるか，炉外にもれることによって消滅する．中性子が発生してから消滅するまで，炉内に滞留する平均時間 l を**即発中性子寿命**と定義すると，l は次式で与えられる．

$$l = \frac{[\text{炉内全中性子数}]}{[\text{中性子消滅速度}]} \tag{7.1}$$

中性子寿命は熱中性子炉において $10^{-5} \sim 10^{-3}$ s，高速炉において $10^{-8} \sim 10^{-6}$ s のオーダーである．中性子寿命を使って中性子消滅速度が $n(t)/l$ と表される．また，中性子実効増倍係数 k_{eff} の定義より，

$$k_{\text{eff}} = \frac{[\text{中性子発生速度}]}{[\text{中性子消滅速度}]} \tag{7.2}$$

であるから，式 (7.1) と合わせて以下の関係が成り立つ．

$$[\text{中性子発生速度}] = \frac{k_{\text{eff}}}{l} n(t) \tag{7.3}$$

　次に $n(t)$ の時間変化を考える際には，中性子が吸収されてから核分裂中性子として発生するまでの時間遅れを考慮する必要がある．核分裂中性子の中には，核分裂とほぼ同時に放出される**即発中性子**と，核分裂から時間遅れを伴って放出される**遅発中性子**とがある[*1]．遅発中性子は核分裂生成物の崩壊に伴って放出され

---

*1　工学教程『原子核工学 I』4.3.3 項参照.

るもので，中性子を放出するような崩壊形式を有する核分裂生成物を**遅発中性子先行核**とよぶ．遅発中性子先行核は，半減期の長さによって6群に分けて扱われる．第 i 群の遅発中性子先行核の崩壊定数を λ_i，第 i 群の遅発中性子が全核分裂中性子に占める割合を β_i で表す．また，全遅発中性子の生成割合を，

$$\beta = \sum_{i=1}^{6} \beta_i \tag{7.4}$$

とする．表7.1に主な核分裂性物質の遅発中性子に関するデータを示す．

表 **7.1**　遅発中性子に関するデータ

群	半減期 T_i (s)	崩壊定数 λ_i (s^{-1})	生成割合 β_i
		^{233}U	
1	55.00	0.0126	0.000224
2	20.57	0.0337	0.000777
3	5.00	0.139	0.000655
4	2.13	0.325	0.000723
5	0.615	1.13	0.000133
6	0.277	2.50	0.000088
合計			0.00260
		^{235}U	
群	半減期 T_i (s)	崩壊定数 λ_i (s^{-1})	生成割合 β_i
1	55.72	0.0124	0.000215
2	22.72	0.0305	0.001424
3	6.22	0.111	0.001274
4	2.30	0.301	0.002568
5	0.610	1.14	0.000748
6	0.230	3.01	0.000273
合計			0.00650
		^{239}Pu	
群	半減期 T_i (s)	崩壊定数 λ_i (s^{-1})	生成割合 β_i
1	54.28	0.0128	0.000073
2	23.04	0.0301	0.000626
3	5.60	0.124	0.000443
4	2.13	0.325	0.000685
5	0.618	1.12	0.000181
6	0.257	2.69	0.000092
合計			0.00210

R.G. Keepin: Physics of Nuclear Kinetics, Reading, Mass,
Addison-Wesley, 1965.

式 (7.3) の中性子発生を，即発中性子と遅発中性子に分けて考える．即発中性子による発生速度は，

$$\frac{(1-\beta)k_{\text{eff}}}{l}n(t)$$

遅発中性子による発生速度は，第 i 群の遅発中性子先行核数を $C_i(t)$ として，

$$\sum_{i=1}^{6}\lambda_i C_i(t)$$

と表される．炉内全中性子数の時間変化は以上の発生速度と，消滅速度 $n(t)/l$ との差に等しいことから，次の方程式が導かれる．

$$\frac{dn(t)}{dt}=\frac{(1-\beta)k_{\text{eff}}-1}{l}n(t)+\sum_{i=1}^{6}\lambda_i C_i(t) \tag{7.5}$$

また，第 i 群の遅発中性子先行核の生成と消滅を表す式が次式で与えられる．

$$\frac{dC_i(t)}{dt}=\beta_i\frac{k_{\text{eff}}}{l}n(t)-\lambda_i C_i(t) \qquad (i=1,\cdots,6) \tag{7.6}$$

ここで，

$$\rho=\frac{k_{\text{eff}}-1}{k_{\text{eff}}}, \qquad \varLambda=\frac{l}{k_{\text{eff}}} \tag{7.7}$$

とおく．ρ は 6 章で定義した反応度であり，$\varLambda$ は**即発中性子生成時間**とよばれる．式 (7.5)，(7.6) から以下の 7 本の連立常微分方程式が導かれる．

$$\frac{dn(t)}{dt}=\frac{\rho-\beta}{\varLambda}n(t)+\sum_{i=1}^{6}\lambda_i C_i(t) \tag{7.8}$$

$$\frac{dC_i(t)}{dt}=\frac{\beta_i}{\varLambda}n(t)-\lambda_i C_i(t) \qquad (i=1,\cdots,6) \tag{7.9}$$

これが原子炉の **1 点近似動特性方程式**である．臨界に近い場合には $\varLambda\approx l$ なので，以降，$\varLambda$ の代わりに l と表記する．

7.2 原子炉のステップ応答

臨界にある原子炉に $0\leq t$ で一定の反応度がステップ状に加えられた場合の出力変化を考える．このような応答を**ステップ応答**とよぶ．

まず，遅発中性子が存在せず，核分裂中性子がすべて即発中性子だと仮定した場合を考える．この場合，$\beta_i = 0$ $(i = 1, \cdots, 6)$ であるから 1 点近似動特性方程式は以下のようになる．

$$\frac{dn(t)}{dt} = \frac{\rho}{l} n(t) \tag{7.10}$$

これを解くと，次の解が得られる．

$$n(t) = n_0 e^{t/T} \tag{7.11}$$

n_0 は $n(t)$ の初期値であり，

$$T = \frac{l}{\rho} \tag{7.12}$$

は原子炉の出力が e 倍になるのに要する時間で，**原子炉周期**とよばれる．

軽水炉では $l \approx 10^{-4}$ s なので，たとえば $\rho = 0.001$ というごく小さな反応度に対しても原子炉周期は 0.1 s となる．このような速い応答をする原子炉の出力を安定に制御することはほぼ不可能であることから，もし遅発中性子が存在しなかったら原子炉が実用化されることはなかったと考えられる．

次に，遅発中性子がある場合を考える．1 点近似動特性方程式の解として，次の形の解を仮定する．

$$n(t) = n_0 e^{\omega t} \tag{7.13}$$

$$C_i(t) = C_{i0} e^{\omega t} \qquad (i = 1, \cdots, 6) \tag{7.14}$$

式 (7.14) を式 (7.9) に代入する．

$$\omega C_{i0} = \frac{\beta_i}{l} n_0 - \lambda_i C_{i0} \qquad (i = 1, \cdots, 6)$$

$$C_{i0} = \frac{\beta_i}{l(\omega + \lambda_i)} n_0 \qquad (i = 1, \cdots, 6)$$

これを式 (7.8) に代入すると次式が導かれる．

$$\rho = \omega l + \sum_{i=1}^{6} \frac{\omega \beta_i}{\omega + \lambda_i} \tag{7.15}$$

この式は ω についての 7 次方程式になっており，**逆時間方程式**とよばれる．

式 (7.15) の右辺を ω の関数としてプロットすると図 7.1 のようになる．式 (7.15) は七つの実根をもち，これを大きいほうから $\omega_0 > \omega_1 > \cdots > \omega_6$ とする．$0 < \rho < 1$

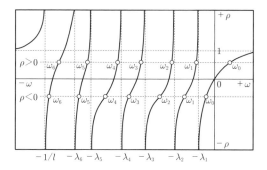

図 **7.1**　逆時間方程式とその解

のとき，$\omega_0 > 0, \omega_1, \cdots, \omega_6 < 0$ であるから，$e^{\omega_0 t}$ の項のみが成長し，それ以外の項は減衰するので，十分時間が経過すると $n(t) \propto e^{\omega_0 t}$ となる．このときの原子炉周期は $T_0 = 1/\omega_0$ である．このような場合の原子炉周期は，**安定ペリオド**ともよばれる．$\rho < 0$ のとき，すべての根 ω_i は負になってすべての項は減衰するが，十分時間が経過するとやはり絶対値が最小の根に対する $e^{\omega_0 t}$ の項のみが支配的となる．

^{235}U を燃料とする原子炉に正負の反応度が挿入されたときのステップ応答の例を，それぞれ図 7.2, 7.3 に示す．何れの場合も，反応度が挿入された直後の過渡的な時期を除けば，原子炉出力は一定の原子炉周期に従って指数関数的に増減することがわかる．

7.3　即発臨界と即発跳躍

式 (7.15) で $\omega = 1/T$ とおくと次の式が得られる．

$$\rho = \frac{l}{T} + \sum_{i=1}^{6} \frac{\beta_i}{1 + \lambda_i T} \tag{7.16}$$

反応度が小さく $T \gg l$ のとき，上式の第 1 項は第 2 項に比べて無視できるので，

$$\rho \approx \sum_{i=1}^{6} \frac{\beta_i}{1 + \lambda_i T} \tag{7.17}$$

となり原子炉周期は中性子寿命 l に依存しなくなり，遅発中性子パラメータによっ

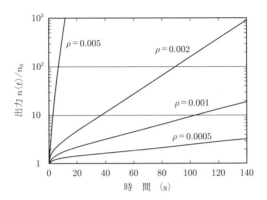

図 7.2   正の反応度が挿入された場合のステップ応答の例

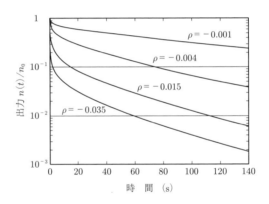

図 7.3   負の反応度が挿入された場合のステップ応答の例

て決定される．すなわち，原子炉の動特性は遅発中性子の挙動に支配される．
　逆に反応度が大きく $\lambda_i T \ll 1$ の場合，式 (7.16) は，

$$\rho \approx \frac{l}{T} + \sum_{i=1}^{6} \beta_i = \frac{l}{T} + \beta$$

と近似されるので，

$$T \approx \frac{l}{\rho - \beta} \tag{7.18}$$

となる.

　これを式 (7.12) と比較すると，全遅発中性子生成割合 β を超える反応度が投入されたときには，投入反応度から β を差し引いたものを実効的反応度とみなし，遅発中性子を無視した動特性に従って急激に出力が上昇することを示している.式 (7.8) において $\rho = \beta$ の場合には，遅発中性子がなくても dn/dt はゼロになり，即発中性子だけで臨界が維持できることを示している. このような状態を**即発臨界**とよぶ.

　原子炉は即発臨界を超えると原子炉周期が短く極めて危険な状態になるので，β に相当する反応度が原子炉の安定性を議論する上で目安となる. そこで，反応度の単位として β を基準としたドルや，その 1/100 のセントが用いられる.

　即発未臨界 ($\rho < \beta$) の場合には，逆に即発中性子だけで原子炉を臨界に維持できないので，動特性は遅発中性子の影響を受けて緩やかなものとなる. ここで，出力が原子炉周期に従う前の過渡的な状態のステップ応答を考える. この過程では遅発中性子の生成率は反応度が投入される前のまま変化していないとみなしてよいので，動特性方程式は次のようになる.

$$\frac{dn(t)}{dt} = \frac{\rho - \beta}{l} n(t) + \sum_{i=1}^{6} \lambda_i C_i(0) \tag{7.19}$$

$$0 = \frac{\beta_i}{l} n(0) - \lambda_i C_i(0) \qquad (i = 1, \cdots, 6) \tag{7.20}$$

式 (7.20) を $C_i(0)$ について解いて式 (7.19) に代入すると，

$$\frac{dn(t)}{dt} = \frac{\rho - \beta}{l} n(t) + \frac{\beta}{l} n(0) \tag{7.21}$$

これを初期条件 $n(0) = n_0$ のもとに解くと以下の解が得られる.

$$n(t) = \frac{\beta}{\beta - \rho} n_0 - \frac{\rho}{\beta - \rho} n_0 \exp\left(\frac{\rho - \beta}{l} t\right) \tag{7.22}$$

即発未臨界なので，上式の指数関数の項は十分時間が経過するとゼロになって第 1 項だけが残る. したがって，過渡期が終わると出力は初期値の $\beta/(\beta - \rho)$ 倍に変化するが，この過程は $l/(\beta - \rho)$ というかなり速い時間オーダーで終わる. この急激な出力変化を**即発跳躍**とよぶ.

　即発跳躍が終わると，出力は遅発中性子の生成に支配されてゆっくりと変化するようになる. そのような状態では式 (7.8) で $dn/dt \approx 0$ とみなしてよいので，こ

れを $n(t)$ について解くと次の近似式が得られる.

$$n(t) \approx \frac{l}{\beta - \rho} \sum_{i=1}^{6} \lambda_i C_i(t) \tag{7.23}$$

これを式 (7.8) の代わりに式 (7.9) と連立させて解く手法は**即発跳躍近似**とよばれ, 原子炉動特性の数値解析でよく用いられる.

7.4　原子炉の周波数応答

ここでは原子炉に小さな正弦波状の反応度を挿入した場合の出力変化を考える. このような応答を**周波数応答**とよぶ.

原子炉動特性の入力変数, 状態変数を, 定常状態とその近傍の微小変化の重ね合せとして表す.

$$n(t) = n_0 + \delta n(t), \qquad C_i(t) = C_{i0} + \delta C_i(t), \qquad \rho(t) = \rho_0 + \delta \rho(t)$$

これを 1 点近似動特性方程式に代入し, 2 次以上の微小量を無視すると, 以下の線形化された方程式が得られる.

$$\frac{d\delta n(t)}{dt} = \frac{n_0}{l} \delta \rho(t) - \frac{\beta}{l} \delta n(t) + \sum_{i=1}^{6} \lambda_i \delta C_i(t) \tag{7.24}$$

$$\frac{d\delta C_i(t)}{dt} = \frac{\beta_i}{l} \delta n(t) - \lambda_i \delta C_i(t) \qquad (i = 1, \cdots, 6) \tag{7.25}$$

式 (7.24), (7.25) を Laplace (ラプラス) 変換する[*2].

$$s\delta n(s) = \frac{n_0}{l} \delta \rho(s) - \frac{\beta}{l} \delta n(s) + \sum_{i=1}^{6} \lambda_i \delta C_i(s) \tag{7.26}$$

$$s\delta C_i(s) = \frac{\beta_i}{l} \delta n(s) - \lambda_i \delta C_i(s) \qquad (i = 1, \cdots, 6) \tag{7.27}$$

式 (7.27) を $\delta C_i(s)$ について解く.

$$\delta C_i(s) = \frac{\beta_i}{l(s + \lambda_i)} \delta n(s) \qquad (i = 1, \cdots, 6)$$

[*2]　工学教程数学系『フーリエ・ラプラス解析』7 章参照.

これを式 (7.26) に代入して整理すると，原子炉の伝達関数が次のように求められる.

$$\frac{\delta n(s)}{n_0 \delta\rho(s)} = \frac{1}{ls\left[1 + \sum_{i=1}^{6} \frac{\beta_i}{l(s+\lambda_i)}\right]}$$ (7.28)

これはのちに述べる，出力が非常に低く反応度フィードバックがないような原子炉の伝達関数で，**ゼロ出力伝達関数**とよぶ．ゼロ出力伝達関数から，反応度フィードバックがない場合の周波数応答の利得と位相を求めることができる．図 7.4, 7.5 にさまざまな中性子寿命に対して求めた利得と位相の周波数依存性を示す.

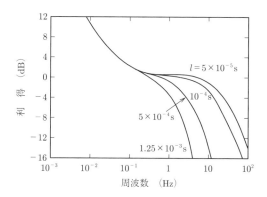

図 **7.4**　原子炉の周波数応答の例 (利得)

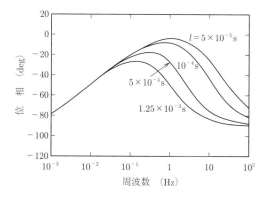

図 **7.5**　原子炉の周波数応答の例 (位相)

7.5　反応度の測定

ここでは，制御棒の校正などのために原子炉に挿入された反応度を測定する方法について紹介する.

a.　ペリオド法

ステップ状に反応度を挿入して過渡的な状態が終わった後，原子炉出力が安定に上昇し始めたら出力が倍増するのに要する時間 T_2 を測定する.

$$T = \frac{T_2}{\ln 2}$$

の関係から原子炉周期を求め，これを式 (7.17) に代入して反応度を求める. だいたい $T = 20\,\mathrm{s} \sim 5\,\mathrm{m}$, $\rho = 3 \sim 30$ セントといった範囲で小さな正の反応度を測定するのに適した手法で，測定精度は比較的よい. 図 6.4 のような制御棒価値の微分曲線を測定することもできる.

b.　比　較　法

すでに校正済みの制御棒を使い，挿入された反応度を補償して原子炉を臨界に戻すことにより挿入反応度を見積もる手法である. このため，ペリオド法などで校正済みの制御棒が必要である. また，基準となる制御棒との相互干渉に注意する必要がある.

c.　落　下　法

原子炉の停止反応度など，大きな負の反応度の測定に用いられる手法である. 定常状態を長時間保持したのちにステップ状に負の反応度を挿入すると，その後の原子炉出力は次の式に従って減衰する.

$$n(t) = \frac{n_0}{\beta + |\rho|} \sum_{i=1}^{6} \beta_i e^{-\alpha_i t} \tag{7.29}$$

$$\alpha_i = \lambda_i \left(1 - \frac{\beta_i}{\beta + |\rho|}\right) \tag{7.30}$$

式 (7.29) を $t = 0 \sim \infty$ で積分する.

$$\int_0^\infty n(t)dt = n_0 \sum_{i=1}^{6} \frac{\beta_i}{(\beta + |\rho|)\alpha_i}$$

$$= n_0 \sum_{i=1}^{6} \frac{\beta_i}{(\beta + |\rho| - \beta_i)\lambda_i}$$

$$\approx \frac{n_0}{|\rho|} \sum_{i=1}^{6} \frac{\beta_i}{\lambda_i}$$

これより，次の式が導かれる.

$$|\rho| \approx \frac{n_0}{\int_0^\infty n(t)dt} \sum_{i=1}^{6} \frac{\beta_i}{\lambda_i} \tag{7.31}$$

測定では原子炉を定常状態に十分な時間保ったのちに測定したい反応度を挿入してスクラム (緊急停止) させ，完全にバックグラウンドレベルに低下するまで出力を記録して積分値を計算する.

7.6　反応度フィードバック

7.6.1　反応度フィードバックとは

　前節までの内容は，反応度が挿入されて原子炉の出力が変化しても，原子炉の組成や形状寸法が変化しない想定でのみ成り立つ理論であった．これは原子炉がほとんど停止状態とみなしていいような低出力で運転しているときにのみ成立する条件であり，ゼロ出力動特性とよばれる.

　これに対して出力運転状態にある原子炉では，出力，すなわち核分裂連鎖反応のレベルが変化すると，炉心を構成する燃料，減速材，冷却材などの温度が変化し，熱膨張によってこれらの原子数密度が変化する．そのほかにも，圧力変化に伴う流体の密度変化や，炉心で沸騰を起こすタイプの炉では蒸気泡の分布の変化などが起こる．こうした効果により媒質の断面積や原子炉の形状寸法が変化するので，これが新たな反応度挿入の原因になる.

　この過程をブロック線図で示したものが図 7.6 である．原子炉の出力変化に伴う熱水力学的な運転状態の変化によって，新たな反応度挿入が起こる現象が，**反応度フィードバック**である．出力運転状態にある原子炉の動特性は，このように核特性と熱水力学的な特性とがカップリングした**核熱水力動特性**と考えて解析しな

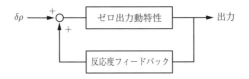

図 7.6　原子炉の核熱水力動特性

ければならない.

　原子炉を構成する材料の温度変化に起因する反応度フィードバックを, **反応度温度効果**とよび, その大きさは**温度係数**によって表される. 反応度の定義より, 温度係数 α_T は次式で計算される.

$$\alpha_\mathrm{T} = \frac{d\rho}{dT} = \frac{d}{dT}\left(\frac{k_\mathrm{eff} - 1}{k_\mathrm{eff}}\right) = \frac{1}{k_\mathrm{eff}^2}\frac{dk_\mathrm{eff}}{dT} \approx \frac{1}{k_\mathrm{eff}}\frac{dk_\mathrm{eff}}{dT} \tag{7.32}$$

一群拡散理論による臨界計算の結果と四因子公式より,

$$k_\mathrm{eff} = \frac{\eta\varepsilon pf}{1 + L^2 B^2}$$

であるから, これを式 (7.32) に代入して次式が得られる.

$$\alpha_\mathrm{T} = \frac{1}{\eta}\frac{d\eta}{dT} + \frac{1}{\varepsilon}\frac{d\varepsilon}{dT} + \frac{1}{p}\frac{dp}{dT} + \frac{1}{f}\frac{df}{dT} - \frac{L^2 B^2}{1 + L^2 B^2}\left(\frac{1}{L^2}\frac{dL^2}{dT} + \frac{1}{B^2}\frac{dB^2}{dT}\right) \tag{7.33}$$

7.6.2　η の温度係数

　燃料が 1 種の核分裂性核種で構成されている場合, η は次式で定義される.

$$\eta = \nu\frac{\sigma_\mathrm{f}}{\sigma_\mathrm{a}} \tag{7.34}$$

これより η の温度係数が以下のように求められる.

$$\frac{1}{\eta}\frac{d\eta}{dT} = \frac{1}{\nu}\frac{d\nu}{dT} + \frac{1}{\sigma_\mathrm{f}}\frac{d\sigma_\mathrm{f}}{dT} - \frac{1}{\sigma_\mathrm{a}}\frac{d\sigma_\mathrm{a}}{dT} \tag{7.35}$$

　ν は核分裂中性子の平均放出数であり, 熱領域では中性子エネルギー依存性はほとんどないので, 媒質温度が変わっても一定である. 燃料が非 $1/v$ 吸収体で $\sigma_\mathrm{f}, \sigma_\mathrm{a}$ が式 (2.56), (2.57) で表され, さらに中性子温度が媒質温度に比例して $T_\mathrm{n} = aT$ の関係があると仮定するならば,

$$\frac{1}{\sigma_{\mathrm{f}}}\frac{d\sigma_{\mathrm{f}}}{dT} = \frac{a}{g_{\mathrm{f}}}\frac{dg_{\mathrm{f}}}{dT} - \frac{1}{2T}, \qquad \frac{1}{\sigma_{\mathrm{a}}}\frac{d\sigma_{\mathrm{a}}}{dT} = \frac{a}{g_{\mathrm{a}}}\frac{dg_{\mathrm{a}}}{dT} - \frac{1}{2T} \tag{7.36}$$

となる．これより，式 (7.35) は次のようになる．

$$\frac{1}{\eta}\frac{d\eta}{dT} = \frac{a}{g_{\mathrm{f}}}\frac{dg_{\mathrm{f}}}{dT} - \frac{a}{g_{\mathrm{a}}}\frac{dg_{\mathrm{a}}}{dT} \tag{7.37}$$

現実には η の温度係数は ^{235}U と ^{239}Pu では負に，^{233}U では正になる．

7.6.3　ε の温度係数

　均質炉の場合，高速核分裂補正因子 ε はほとんど 1 であり温度に依存しない．

　非均質炉では，燃料の熱膨張によって高速中性子が燃料外にもれる確率が大きくなり，ε の温度係数に負の寄与をする．一方，燃料中の熱中性子分布の落ち込みも緩やかになり，燃料中心部での核分裂反応率が上昇するので ε の温度係数に正の寄与をする．これらの効果の重ね合せとして，ε の温度係数は正にも負にもなり得るが，ほかのパラメータの温度係数に比べれば寄与は小さい．

7.6.4　p の温度係数

　均質炉の共鳴吸収を逃れる確率 p はほとんど 1 に近く，その温度依存性も無視してよい．

　一方，非均質炉の p は式 (5.20) で求められる．

$$p = \exp\left(-\frac{N_{\mathrm{f}}V_{\mathrm{f}}I}{\xi_{\mathrm{f}}\varSigma_{\mathrm{p}}^{\mathrm{f}}V_{\mathrm{f}} + \xi_{\mathrm{m}}\varSigma_{\mathrm{s}}^{\mathrm{m}}V_{\mathrm{m}}}\right) \tag{7.38}$$

通常 $\xi_{\mathrm{f}}\varSigma_{\mathrm{p}}^{\mathrm{f}}V_{\mathrm{f}} \ll \xi_{\mathrm{m}}\varSigma_{\mathrm{s}}^{\mathrm{m}}V_{\mathrm{m}}$ なので，

$$p \approx \exp\left(-\frac{N_{\mathrm{f}}V_{\mathrm{f}}I}{\xi_{\mathrm{m}}\varSigma_{\mathrm{s}}^{\mathrm{m}}V_{\mathrm{m}}}\right) = \exp\left(-\frac{I}{\xi_{\mathrm{m}}\sigma_{\mathrm{s}}^{\mathrm{m}}}\frac{N_{\mathrm{f}}V_{\mathrm{f}}}{N_{\mathrm{m}}V_{\mathrm{m}}}\right) \tag{7.39}$$

と近似してよい．ここで，$\xi_{\mathrm{m}}\sigma_{\mathrm{s}}^{\mathrm{m}}$ は温度に依存せず，$V_{\mathrm{f}}/V_{\mathrm{m}}$ もほぼ一定と仮定してよい．これより，p の温度係数が次のように表せる．

$$\begin{aligned}
\frac{1}{p}\frac{dp}{dT} &= -\frac{N_{\mathrm{f}}V_{\mathrm{f}}}{\xi_{\mathrm{m}}\varSigma_{\mathrm{s}}^{\mathrm{m}}V_{\mathrm{m}}}\frac{dI}{dT} - \frac{V_{\mathrm{f}}I}{\xi_{\mathrm{m}}\varSigma_{\mathrm{s}}^{\mathrm{m}}V_{\mathrm{m}}}\frac{dN_{\mathrm{f}}}{dT} + \frac{N_{\mathrm{f}}V_{\mathrm{f}}I}{\xi_{\mathrm{m}}\sigma_{\mathrm{s}}^{\mathrm{m}}V_{\mathrm{m}}}\frac{1}{N_{\mathrm{m}}}\frac{dN_{\mathrm{m}}}{dT} \\
&= \left(\frac{1}{I}\frac{dI}{dT} + \frac{1}{N_{\mathrm{f}}}\frac{dN_{\mathrm{f}}}{dT} - \frac{1}{N_{\mathrm{m}}}\frac{dN_{\mathrm{m}}}{dT}\right)\ln p
\end{aligned}$$

$$= \left(\frac{1}{I} \frac{dI}{dT} - \beta_{\mathrm{f}} + \beta_{\mathrm{m}} \right) \ln p$$

$$\approx \left(\frac{1}{I} \frac{dI}{dT} + \beta_{\mathrm{m}} \right) \ln p \tag{7.40}$$

$\beta_{\mathrm{f}}, \beta_{\mathrm{m}}$ は燃料と減速材の体膨張係数であり，液体減速材の原子炉では $\beta_{\mathrm{f}} \ll \beta_{\mathrm{m}}$ なので括弧内の β_{f} は無視してよい.

2.4.3 項で述べたように，Doppler 効果のために実効共鳴積分は燃料温度が上昇すると大きくなる. $0 < p < 1$ なので $\ln p < 0$ であり，式 (7.40) より p の温度係数は負になることがわかる. また，p の温度係数は二つの成分から成ることがわかる. 一つめは燃料温度が上昇すると Doppler 効果によって共鳴吸収の幅が広がることによる寄与で，これは出力変化後に短時間のうちにはたらく反応度フィードバックである. 二つめは減速材が熱膨張し，炉外に押し出されることによる寄与である. このメカニズムがはたらくためには，燃料要素で発生した熱が減速材に伝わり減速材温度が上昇するのを待たねばならず，第 1 の成分に比べて遅い反応度フィードバックである.

7.6.5 f の温度係数

均質炉の熱中性子利用率は次式で与えられる.

$$f = \frac{\Sigma_{\mathrm{a}}^{\mathrm{f}}}{\Sigma_{\mathrm{a}}^{\mathrm{f}} + \Sigma_{\mathrm{a}}^{\mathrm{m}}} \tag{7.41}$$

$\Sigma_{\mathrm{a}}^{\mathrm{f}}, \Sigma_{\mathrm{a}}^{\mathrm{m}}$ はそれぞれ燃料と減速材の吸収断面積である. これより f の温度係数は以下のようになる.

$$\frac{1}{f} \frac{df}{dT} = (1 - f) \left\{ \frac{1}{\Sigma_{\mathrm{a}}^{\mathrm{f}}} \frac{d\Sigma_{\mathrm{a}}^{\mathrm{f}}}{dT} - \frac{1}{\Sigma_{\mathrm{a}}^{\mathrm{m}}} \frac{d\Sigma_{\mathrm{a}}^{\mathrm{m}}}{dT} \right\}$$

$$= (1 - f) \left\{ \frac{1}{N_{\mathrm{f}}} \frac{dN_{\mathrm{f}}}{dT} + \frac{1}{\sigma_{\mathrm{a}}^{\mathrm{f}}} \frac{d\sigma_{\mathrm{a}}^{\mathrm{f}}}{dT} - \frac{1}{N_{\mathrm{m}}} \frac{dN_{\mathrm{m}}}{dT} - \frac{1}{\sigma_{\mathrm{a}}^{\mathrm{m}}} \frac{d\sigma_{\mathrm{a}}^{\mathrm{m}}}{dT} \right\} \tag{7.42}$$

$N_{\mathrm{f}}, N_{\mathrm{m}}$ は燃料と減速材の原子数密度，$\sigma_{\mathrm{a}}^{\mathrm{f}}, \sigma_{\mathrm{a}}^{\mathrm{m}}$ は燃料と減速材のミクロ吸収断面積である. 混合媒質の体膨張係数を β とすると，

$$\frac{1}{N_{\mathrm{f}}} \frac{dN_{\mathrm{f}}}{dT} = \frac{1}{N_{\mathrm{m}}} \frac{dN_{\mathrm{m}}}{dT} = -\beta \tag{7.43}$$

である. 燃料が非 $1/v$ 吸収体であると仮定すると，式 (7.36) と同様に，

$$\frac{1}{\sigma_a^f}\frac{d\sigma_a^f}{dT} = \frac{a}{g_a^f}\frac{dg_a^f}{dT} - \frac{1}{2T} \tag{7.44}$$

と表される．また，減速材が $1/v$ 吸収体で σ_a^m が式 (2.55) に従うならば，

$$\frac{1}{\sigma_a^m}\frac{d\sigma_a^m}{dT} = -\frac{1}{2T} \tag{7.45}$$

である．これより，式 (7.42) は以下のように表される．

$$\frac{1}{f}\frac{df}{dT} = a(1-f)\frac{1}{g_a^f}\frac{dg_a^f}{dT} \tag{7.46}$$

次に非均質炉の場合を考える．被覆材を無視すると，非均質炉の熱中性子利用率は式 (5.1) より，

$$f = \frac{\Sigma_a^f V_f}{\Sigma_a^f V_f + \Sigma_a^m V_m \zeta_m} \tag{7.47}$$

となる．これより f の温度係数は以下のようになる．

$$\begin{aligned}
\frac{1}{f}\frac{df}{dT} &= (1-f)\left\{\frac{1}{\Sigma_a^f V_f}\frac{d}{dT}(\Sigma_a^f V_f) - \frac{1}{\Sigma_a^m V_m \zeta_m}\frac{d}{dT}(\Sigma_a^m V_m \zeta_m)\right\}\\
&= (1-f)\left\{\frac{1}{N_f V_f}\frac{d}{dT}(N_f V_f) + \frac{1}{\sigma_a^f}\frac{d\sigma_a^f}{dT} - \frac{1}{V_m}\frac{dV_m}{dT}\right.\\
&\quad \left. -\frac{1}{N_m}\frac{dN_m}{dT} - \frac{1}{\sigma_a^m}\frac{d\sigma_a^m}{dT} - \frac{1}{\zeta_m}\frac{d\zeta_m}{dT}\right\}
\end{aligned} \tag{7.48}$$

固体燃料炉では燃料物質原子の総数は変わらないので，

$$\frac{d}{dT}(N_f V_f) = 0$$

である．また，減速材の体膨張係数を β_m とすると，

$$\frac{1}{N_m}\frac{dN_m}{dT} = -\beta_m \tag{7.49}$$

である．燃料が非 $1/v$ 吸収体，減速材が $1/v$ 吸収体と仮定すれば均質炉と同様に式 (7.44), (7.45) が成り立つ．

以上を式 (7.48) に代入して，以下の式を得る．

$$\frac{1}{f}\frac{df}{dT} = (1-f)\left\{\frac{a}{g_a^f}\frac{dg_a^f}{dT} + \beta_m - \frac{1}{V_m}\frac{dV_m}{dT} - \frac{1}{\zeta_m}\frac{d\zeta_m}{dT}\right\} \tag{7.50}$$

上式で V_m は燃料が熱膨張すると減少する．また，燃料が熱膨張して原子数密度

が低下すると，自己遮蔽効果による燃料内での熱中性子束の落ち込みが軽減される．したがって，

$$\frac{dV_\mathrm{m}}{dT} < 0, \qquad \frac{d\zeta_\mathrm{m}}{dT} < 0$$

である．以上より，熱中性子利用率 f の温度係数は総じて正になる．

7.6.6　L^2 の温度係数

均質炉の場合，拡散距離の定義式

$$L^2 = \frac{D}{\Sigma_\mathrm{a}}$$

よりその温度係数は，

$$\frac{1}{L^2}\frac{dL^2}{dT} = \frac{1}{D}\frac{dD}{dT} - \frac{1}{\Sigma_\mathrm{a}}\frac{d\Sigma_\mathrm{a}}{dT} \tag{7.51}$$

となる．ここで，D の温度依存性が次式に従うと仮定する．

$$D = D_0 \left(\frac{T_\mathrm{n}}{T_0}\right)^m = \frac{1}{3N\sigma_\mathrm{tr0}} \left(\frac{T_\mathrm{n}}{T_0}\right)^m \tag{7.52}$$

σ_tr0 は基準温度 T_0 における混合媒質のミクロ輸送断面積，N は混合媒質の原子数密度である．$T_\mathrm{n} = aT$ の関係を仮定すると，

$$\frac{1}{D}\frac{dD}{dT} = -\frac{1}{N}\frac{dN}{dT} + \frac{m}{T} = \beta + \frac{m}{T} \tag{7.53}$$

となる．β は混合媒質の体膨張係数である．均質炉では，

$$\Sigma_\mathrm{a} = \Sigma_\mathrm{a}^\mathrm{f} + \Sigma_\mathrm{a}^\mathrm{m}$$

であり，さらに燃料だけが非 $1/v$ 吸収特性を示すと仮定すると，

$$\frac{1}{\Sigma_\mathrm{a}}\frac{d\Sigma_\mathrm{a}}{dT} = -\beta + af\frac{1}{g_\mathrm{a}^\mathrm{f}}\frac{dg_\mathrm{a}^\mathrm{f}}{dT} - \frac{1}{2T} \tag{7.54}$$

式 (7.53), (7.54) を式 (7.51) に代入し，以下の結果を得る．

$$\frac{1}{L^2}\frac{dL^2}{dT} = 2\beta + \frac{2m+1}{2T} - af\frac{1}{g_\mathrm{a}^\mathrm{f}}\frac{dg_\mathrm{a}^\mathrm{f}}{dT} \tag{7.55}$$

最後の項は他の項に比べて小さいので，L^2 の温度係数は正になる．

非均質炉においては，$V_\mathrm{f} \ll V_\mathrm{m}$ と仮定して近似式

$$L^2 = (1 - f)L_\mathrm{m}^2 \tag{7.56}$$

を用いると，以下の結果が得られる．

$$\frac{1}{L^2}\frac{dL^2}{dT} = -\frac{1}{1-f}\frac{df}{dT} + \frac{1}{L_\mathrm{m}^2}\frac{dL_\mathrm{m}^2}{dT} \approx \frac{1}{L_\mathrm{m}^2}\frac{dL_\mathrm{m}^2}{dT} = 2\beta + \frac{2m+1}{2T} \tag{7.57}$$

これより，L^2 の温度係数は非均質炉でも正になる．

7.6.7　B^2 の温度係数

炉心の代表寸法を X とするならば，幾何学的バックリングとは $B^2 \propto X^{-2}$ の関係が，炉心体積とは $V \propto X^3$ の関係がある．温度上昇に伴って炉心が一様に膨張するならば，体膨張係数を β_c として，

$$\frac{1}{B^2}\frac{dB^2}{dT} = -\frac{2}{X}\frac{dX}{dT} = -\frac{2}{3V}\frac{dV}{dT} = -\frac{2}{3}\beta_\mathrm{c} \tag{7.58}$$

となり負の値をとる．

しかし，炉心は一様に膨張しないので B^2 の温度係数の評価は複雑である．図 7.7 に示すように，燃料要素を構造部材に下端のみで固定した場合には花が開くような変形モードで，上下両端で固定した場合には樽のように腹部が太る変形モードで膨張する．

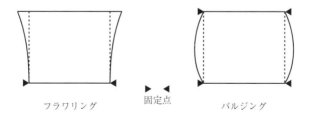

フラワリング　　固定点　　バルジング

図 **7.7**　熱膨張による炉心の変形モード

7.6.8 温度係数のまとめ

以上で求めた反応度温度係数の正負と絶対値の大きさを，代表的な非均質の熱中性子炉について要約したのが表 7.2 である．一群拡散理論で求められる熱中性子が体系からもれない確率は，4 因子にかかっている．

$$P_\mathrm{t} = \frac{1}{1 + L^2 B^2} \tag{7.59}$$

の部分である．したがって，式 (7.33) の最後の L^2 の温度係数と B^2 の温度係数から計算される部分

$$\frac{1}{P_\mathrm{t}} \frac{dP_\mathrm{t}}{dT} = -\frac{L^2 B^2}{1 + L^2 B^2} \left(\frac{1}{L^2} \frac{dL^2}{dT} + \frac{1}{B^2} \frac{dB^2}{dT} \right) \tag{7.60}$$

が，熱中性子が体系からもれない確率の温度係数ということになる．

原子炉に何らかの理由で正の反応度が挿入された場合，出力上昇を抑えるように反応度フィードバックがはたらくためには反応度温度係数が負になるように設計することが必須の条件となる．表 7.2 をみると，反応度温度係数を負にするのに最も寄与しているのは，共鳴吸収を逃れる確率 p の温度係数であり，中でも Doppler 効果による共鳴の幅の広がりによる効果が重要である．

さらに，反応度フィードバックには，出力が上昇してから短時間で効くものと，やや時間遅れがあってから効くものとがある．Doppler 効果は燃料温度の上昇とともに核的なメカニズムによってはたらくフィードバックであり，その時定数は極めて短い．これに比べて，減速材の熱膨張などによってはたらくフィードバックは時間的に遅れる．

表 **7.2** 反応度温度係数の概要

原子炉パラメータ	反応度係数	原子炉パラメータ	反応度係数
η	±；小	L^2	＋
ε	±；小	B^2	－；小
p	－；大	P_t	－
f	＋；小	k_eff	－

7.6.9 その他の反応度フィードバック

燃料や減速材などの炉心の主要構成材料の温度変化以外に，以下に述べるようにさまざまなメカニズムではたらく反応度フィードバックが存在する．

a. ボイドの発生

炉心で液体冷却材が沸騰するタイプの原子炉では，蒸気泡の分布が変化することによる大きな反応度フィードバックがある．炉心で蒸気泡 (ボイド) が発生することによる反応度をボイド反応度とよぶ．また，蒸気泡による反応度フィードバックの程度は，単位体積率のボイド発生あたりの反応度挿入量であるボイド係数によって表す．通常運転時に冷却材の沸騰が起こらない原子炉であっても過渡時や事故時には冷却材が沸騰することがあり得るので，ボイド係数を負にすることは原子炉の安全上重要な設計条件になっている．

ボイド反応度には，ボイド発生によって冷却材への中性子吸収が減ることによる正の成分，中性子スペクトルが高エネルギー側にシフトして高速核分裂を促進することによる正の成分，中性子スペクトルが高エネルギー側にシフトして共鳴吸収される確率が上昇することによる負の成分，中性子がボイド部分の媒質に散乱されないで体系からもれる確率が上昇することによる負の成分があり，ボイド係数はこれらの成分の兼ね合いで決まる．熱中性子炉においては，炉心組成をアンダーモデレーションの領域で設計することにより，ボイド係数を負にすることができる．

b. 原子炉圧力の変化

水冷却炉やガス冷却炉のように原子炉冷却系を加圧するタイプの原子炉では，原子炉圧力が上昇すると冷却材や減速材の密度が変化して反応度フィードバックが起こる．炉心で液体冷却材が沸騰するタイプの原子炉では，圧力が上昇するとボイドが潰れてボイド反応度が挿入される．圧力変化による反応度フィードバックの程度は，単位圧力変化あたりの反応度挿入量である圧力係数によって表す．

c. 制御棒や原子炉容器の熱膨張

燃料要素で加熱された冷却材が制御棒に接触しながら流れるような構造の原子炉では，出力上昇によって温度上昇した冷却材が制御棒を加熱するので，熱膨張

した制御棒が炉心に挿入される．この効果は多くの場合に負の反応度フィードバックとなる．一方，冷却材によって加熱された原子炉容器が熱膨張すると，逆に制御棒が抜ける方向に炉心と制御棒との相対位置が変化するので，正の反応度フィードバックとなる．

付録　Bessel関数

A.1　通常の Bessel 関数

次のような微分方程式を Bessel (ベッセル) の微分方程式，その解を一般的に (通常の) Bessel 関数とよぶ.

$$\frac{d^2y}{dx^2} + \frac{1}{x}\frac{dy}{dx} + \left(1 - \frac{\nu^2}{x^2}\right)y = 0 \tag{A.1}$$

パラメータ ν が整数でないとき，この方程式の二つの基本解を $J_\nu(x)$ と $J_{-\nu}(x)$ で表す. しかし，ν が非負整数 n のとき，

$$J_{-n}(x) = (-1)^n J_n(x) \tag{A.2}$$

となって $J_n(x)$ と $J_{-n}(x)$ は互いに線形独立ではなくなる. このとき，$J_n(x)$ とは線形独立な解として新たに関数 $Y_n(x)$ が現れる. $J_n(x)$ を第一種 Bessel 関数，$Y_n(x)$ を第二種 Bessel 関数とよぶ. 原子炉物理では，実数を定義域とする ν が非負整数の Bessel 関数を知っていれば十分である. 関数 $Y_n(x)$ に対しても次の関係が成り立つ.

$$Y_{-n}(x) = (-1)^n Y_n(x) \tag{A.3}$$

関数 $J_n(x)$ は $J_0(0) = 1$, $J_{n\neq0}(0) = 0$ であり，x のすべての値に対して有限である. 無限個の零点をもち，$J_0(x)$ の最小の零点は $2.405\cdots$ である. 関数 $Y_n(x)$ は原点に特異点をもつが，それ以外では有限である. 無限個の零点をもち，$Y_0(x)$ の最小の零点は $0.894\cdots$ である. 図 A.1 に原点近傍の $J_n(x)$, $Y_n(x)$ の概略を $n = 0, 1, 2$ について示す.

関数 $J_n(x)$ の微積分に関する公式を以下に示す. これらは $Y_n(x)$，あるいは $J_n(x)$ と $Y_n(x)$ の線形結合に対しても成り立つ.

$$2\frac{dJ_n(x)}{dx} = J_{n-1}(x) - J_{n+1}(x) \tag{A.4}$$

$$\frac{dJ_0(x)}{dx} = -J_1(x) \tag{A.4'}$$

$$\int J_0(x)x\,dx = xJ_1(x) \tag{A.5}$$

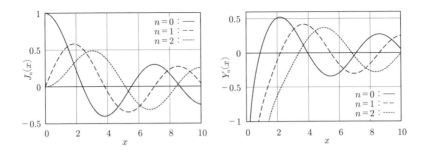

図 **A.1**　通常の Bessel 関数 $(n = 0, 1, 2)$

$$\int J_n^2(x)x \, dx = \frac{1}{2}x^2[J_n^2(x) - J_{n-1}(x)J_{n+1}(x)] \tag{A.6}$$

$$\int J_0^2(x)x \, dx = \frac{1}{2}x^2[J_0^2(x) + J_1^2(x)] \tag{A.6'}$$

A.2　変形 Bessel 関数

式 (A.1) において括弧内の係数 1 の符号を反転した次の微分方程式を，変形された Bessel の微分方程式，その解を一般的に変形 Bessel 関数とよぶ．

$$\frac{d^2y}{dx^2} + \frac{1}{x}\frac{dy}{dx} - \left(1 + \frac{\nu^2}{x^2}\right)y = 0 \tag{A.7}$$

パラメータ ν が整数でないとき，この方程式の二つの基本解を $I_\nu(x)$ と $I_{-\nu}(x)$ で表す．しかし，ν が非負整数 n のとき

$$I_{-n}(x) = I_n(x) \tag{A.8}$$

となって $I_n(x)$ と $I_{-n}(x)$ は互いに線形独立ではなくなる．このとき，$I_n(x)$ とは線形独立な解として新たに関数 $K_n(x)$ が現れる．$I_n(x)$ を第一種の変形 Bessel 関数，$K_n(x)$ を第二種の変形 Bessel 関数とよぶ．関数 $K_n(x)$ に対しても次の関係が成り立つ．

$$K_{-n}(x) = K_n(x) \tag{A.9}$$

関数 $I_n(x)$ は $J_0(x)$ と同様に $I_0(0) = 1$, $I_{n \neq 0}(0) = 0$ であるが，x が大きくなると無限大に発散する．関数 $K_n(x)$ は $Y_n(x)$ と同様に原点に特異点をもつが，

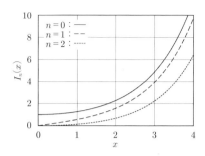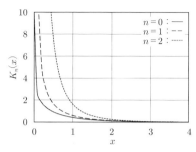

図 **A.2**　変形 Bessel 関数 ($n = 0, 1, 2$)

x が大きくなるとゼロに漸近する. 図 A.2 に原点近傍の $I_n(x)$, $K_n(x)$ の概略を $n = 0, 1, 2$ について示す.

関数 $I_n(x)$ の微積分に関する公式を以下に示す.

$$2\frac{dI_n(x)}{dx} = I_{n-1}(x) + I_{n+1}(x) \tag{A.10}$$

$$\frac{dI_0(x)}{dx} = I_1(x) \tag{A.10'}$$

$$\int I_0(x)x\,dx = xI_1(x) \tag{A.11}$$

$$\int I_n^2(x)x\,dx = \frac{1}{2}x^2[I_n^2(x) - I_{n-1}(x)I_{n+1}(x)] \tag{A.12}$$

$$\int I_0^2(x)x\,dx = \frac{1}{2}x^2[I_0^2(x) - I_1^2(x)] \tag{A.12'}$$

一方, 関数 $K_n(x)$ の微積分に関する公式は以下のようになる.

$$-2\frac{dK_n(x)}{dx} = K_{n-1}(x) + K_{n+1}(x) \tag{A.13}$$

$$\frac{dK_0(x)}{dx} = -K_1(x) \tag{A.13'}$$

$$\int K_0(x)x\,dx = -xK_1(x) \tag{A.14}$$

$$\int K_n^2(x)x\,dx = \frac{1}{2}x^2[K_n^2(x) - K_{n-1}(x)K_{n+1}(x)] \tag{A.15}$$

$$\int K_0^2(x)x\,dx = \frac{1}{2}x^2[K_0^2(x) - K_1^2(x)] \tag{A.15'}$$

参 考 文 献

[1] ジョン・R・ラマーシュ(武田充司, 仁科浩二郎 訳): 原子炉の初等理論 上下 (現代科学), 吉岡書店, 1976.

[2] ジェームズ・J・ドゥデルスタット, ルイス・J・ハミルトン (成田正郎, 藤田文行 訳) : 原子炉の理論と解析 上下, 現代工学社, 1980.

[3] J.R. Lamarsh: Introduction to Nuclear Engineering, Addison-Wesley, 1983.

[4] 岡 芳明, 鈴木勝男: 原子炉動特性とプラント制御 (原子力教科書), オーム社, 2008.

[5] 岡嶋成晃, 久語輝彦, 森 貴正: 原子炉物理学 (原子力教科書), オーム社, 2012.

索　引

東京大学工学教程

著者の現職

古田一雄（ふるた・かずお）
東京大学大学院工学系研究科附属レジリエンス工学研究センター
教授

東京大学工学教程　原子力工学
原子炉物理学Ⅰ

令和 2 年 4 月 10 日　発　行

編　　者　　東京大学工学教程編纂委員会

著　　者　　古　田　一　雄

発 行 者　　池　田　和　博

発 行 所　　丸善出版株式会社

〒101-0051　東京都千代田区神田神保町二丁目17番
編　集：電話 (03) 3512-3261／FAX (03) 3512-3272
営　業：電話 (03) 3512-3256／FAX (03) 3512-3270
https://www.maruzen-publishing.co.jp

組版印刷・製本／三美印刷株式会社

ISBN 978-4-621-30494-5　C 3353　　　　　　Printed in Japan